湖北省普通高校人文社会科学重点研究基地
"湖北中小学素质教育研究中心"（项目编号：090-044035）研究成果

# 问题解决：
# 工作记忆中心理模型的建构

张裕鼎　著

WUHAN UNIVERSITY PRESS
武汉大学出版社

**图书在版编目(CIP)数据**

问题解决:工作记忆中心理模型的建构/张裕鼎著. —武汉:武汉大
学出版社,2018.5
ISBN 978-7-307-20238-2

Ⅰ.问…　Ⅱ.张…　Ⅲ.工作—记忆—研究　Ⅳ.B842.3

中国版本图书馆 CIP 数据核字(2018)第 106570 号

责任编辑:李　晶　　　责任校对:邓　瑶　　　装帧设计:吴　极

出版发行:**武汉大学出版社**　　(430072　武昌　珞珈山)
　　　　(电子邮件:whu_publish@163.com　网址:www.stmpress.cn)
印刷:北京虎彩文化传播有限公司
开本:720×1000　　1/16　　印张:12　　字数:235 千字
版次:2018 年 5 月第 1 版　　2018 年 5 月第 1 次印刷
ISBN 978-7-307-20238-2　　　定价:72.00 元

# 序

　　教育心理学家奥苏伯尔有言,"如果要我把全部的教育心理学仅仅归结为一条原理,那么,我将一言以蔽之:影响学习的唯一最重要的因素就是学习者已经知道了什么。应探明这一点,并据此进行教学。"如果说这段话中的"学习者已经知道了什么"指的是学习者头脑中先备的领域知识和技能,那么,张裕鼎博士的这本专著《问题解决:工作记忆中心理模型的建构》的出版,将使奥苏伯尔的论断增加新的内涵,即影响学生学习的重要因素还应包括他们面对问题时构建的心理模型。忽略这一点,将使指导学生的学和教师的教的教育心理学呈现出明显的短缺和不足。本书作者已经用实验证实,工作记忆中的心理模型不仅影响学生在学习和问题解决过程中对问题的表征、推理,还影响学生对学习和问题解决策略的选择与迁移。

　　我知道,作者为探讨工作记忆中的心理模型及其对问题解决与学习的作用,先后耗时应不下十年,真可谓十年磨一剑。问题解决是心理学研究中一个异常重要的老问题,之所以老,是因为早期的行为主义和格式塔心理学家都曾对问题解决提出过自己的观点;之所以异常重要,则是因为问题解决的最高形式是创造。可以说,提出新观点、构建新模型、发明新技术、设计新产品等都属于创造性活动,是广义的问题解决。创造力研究是当前心理学研究的热点之一,而创造型人才的培养亦是当今世界各国的头等大事。在竞争中发展的世界各国都十分清醒地意识到,国家和民族在高端科技上的领先和经济上的优胜,无不得力于创造型人才在核心技术上的创造和发明。激发创造型人才的创造力,加速创造型人才的培养,均已被列为世界各国科技竞争和发展计划的重中之重。本书作者深谙问题解决和创造力的同一性,审时度势,顺应世界科技和创造型人才培养的大趋势,瞄准问题解决这一古老而又常新的课题,坚持不懈地进行探索,提出"问题解决即工作记忆中心理模型的建构"这一全新的命题,并最终用实验证实了问题解决策略的选择和迁移都是以心理模型为中介和载体的。学习者或问题解决者基于自身不同水平的领域知识,建构不同水平的心理模型,并在不同水平心理模型的引导下选择不同的策略来解决问题,进而显示出不同的迁移效应，最终在很大程度上揭示了长期未能知晓的问题解决中策略选择与迁移的内在机制。鉴于此，这本著作理所当然地会成为问题解决和创造力研究者的必读之书和不可或缺的参考资料。

这部著作在问题解决研究上兼具"渊"和"博"的特点。它的"渊"体现在对问题解决这一认知过程探索和发掘的深度大：作者不仅从工作记忆领域着手探讨问题解决，而且对工作记忆中央执行抑制能力对具体问题解决的影响作了实验研究；作者不仅将问题解决视为工作记忆中心理模型的建构，而且用实验证实了心理模型是怎样影响问题解决策略的选择和迁移的，这使得问题解决的研究在教育心理学领域达到了全新的高度。它的"博"体现在不是孤立地和截取式地研究问题解决，而是系统地和历史性地研究问题解决。作者引用大量的国内外资料系统地论述了问题解决的特征、策略、研究历程、路径与方法，让读者对问题解决有了一个"全豹"印象。即使是关于心理模型建构影响问题解决策略选择与迁移这一较为深奥的议题，作者也没有让它突兀地呈现在读者面前，而是事先对问题解决中的认知策略和元认知策略作了铺垫性的论述。作者不仅对问题解决的研究历程作了专段式的阐述，即便是在心理模型这样的专题研究中，也对心理模型的渊源作了介绍。这种"渊"和"博"的有机结合，让读者对教育心理学领域问题解决这一重要论题不仅知其然，而且知其所以然；不仅能了解其最新研究成果，也能把握其研究发展脉络。

本书对教育心理学特别是问题解决和创造力的研究者或学习者而言，是值得一读的佳作，若能细读和领略其创新观念的合理性，定会有获益匪浅之感。

湖北大学教授 严梅花

2018 年 3 月

# 前　　言

　　人是如何解决问题的？这着实是一个迷人的问题。不论是在学业情境中，还是在工作或日常生活情境中，人们都面临着大量亟待解决的问题。可以说，生活就是每时每刻的大量的问题解决。虽然在描述、解释人类问题解决的机制方面，研究者业已做了大量卓有成效的工作，但如果我们对现实状况稍加考察，便不难发现人类对自身认知能力的了解和开发还远远不够。比如，人工智能的发展日新月异。2016 年 3 月，谷歌旗下 DeepMind 公司开发的围棋人工智能程序 AlphaGo 与人类围棋世界冠军、职业九段棋手李世石的人机大战，吸引了全世界的目光。最终，AlphaGo 以 4∶1 的总比分获胜。其后，AlphaGo 在围棋网站上与中日韩数十位顶尖高手进行快棋对决，更是取得了 60 连胜的佳绩。围棋界公认，AlphaGo 的棋力已经超越了人类职业围棋的顶尖水平。AlphaGo 的棋力为何如此之强？原因主要在于它的工作原理，即基于多层人工神经网络的"深度学习(deep learning)"。如果说 AlphaGo 的第一个版本尚需要借助数百万人类围棋专家的棋谱进行训练，那么 AlphaGo 2.0(代号 AlphaGo Zero)则从一开始就不必接触人类棋谱，只需在棋盘上自由下棋，不断进行自我博弈(自己和自己对战)，就可以快速"成长"起来。可以说，深度学习技术已经点燃了人工智能的熊熊烈火。人工智能的这种进化速度会给人类带来压力和危机感吗？人类的深度学习应当是怎样一幅图景？"人工"神经网络真的超越"人的"神经网络了吗？人工智能和人的界限在哪里？以往，研究者认为人工智能主要采用算法式解决问题，而人可以采用启发式解决问题，但现在看来，人工智能也可以通过启发式，不必经由完全搜索这样的算法来解决问题。以往人们还认为带有情绪的热认知是人类所独有的，但未来人工智能是否也会由冷认知跨越到热认知，尚不得而知。可以说，人工智能的革命性进展带来的冲击，使研究人类问题解决这一复杂、高级的认知过程变得尤为迫切，研究人类问题解决不仅具有重要的科学价值，还充盈着丰富的伦理学意义。

　　本书从工作记忆、心理模型和专长三个方面对问题解决的影响因素及认知机制进行了理论探索和实证检验。之所以从这三个方面探讨问题解决，源于三者之间的紧密关联及其对问题解决研究的启示。工作记忆这一构念在心理学中的孕育和成长已经超过半个世纪，但目前对工作记忆认知和生理机制的探索仍在继续。不难发现，当前关于工作记忆广度（容量）有限性和工作记忆子成分功能特异性的探索，已经为问题解决研究提供了许多有价值的帮助。三十年来，与工作记忆广度有关的认知负荷理论，更是对问题解决、多媒体学习和教学设计等领域产生了深远影响，并且极富解释力。根据信息加工的观点，信息的加工至少经过选择（selecting）、组织（organizing）和整合（integrating）三个阶段。信息经由选择从感觉记忆进入工作记忆，而这些信息碎片在工作记忆中得以组织成一个连贯一致的整体。同时，信息加工还需要来自长时记忆中先备知识（背景知识）的支持，从长时记忆中提取的先备知识和工作记忆中的新信息整合在一起，个体因此而学会新知识或解决新问题。所以，工作记忆是信息加工的枢纽，而长时记忆中储存的经过组织的特定领域的知识和技能，我们称之为专长。心理模型作为一种动态综合的陈述性知识和程序性知识的结合体，既可以在工作记忆中存在，又可以在长时记忆中存在。可见，工作记忆、心理模型和专长三者具有天然的联系。正是基于此种联系，本书提出了"问题解决即工作记忆中心理模型的建构"这一核心命题。

本书除了对工作记忆、心理模型、专长与问题解决的关系进行较深入的理论探索，还通过四项实证研究检验了相关的理论假设。实证研究 I 以多位数减法估算任务为例，探讨了工作记忆中央执行抑制能力、问题情境与难度对问题解决表现的影响，结果发现问题情境与问题难度影响问题解决的不同方面，且二者在减法估算准确性上的交互作用显著，即简单和复杂纯数字题的估算准确性差异不显著，简单和复杂应用题的估算准确性差异显著。实证研究 II 和实证研究 III 以电学领域的问题解决为例，揭示了心理模型这一构念作为领域知识（专长）与问题解决中介与载体的有效性，证明了建构正确的心理模型是问题解决的关键。这一发现对于 STEM（科学、技术、工程、数学）领域的问题解决具有一定的参考价值。实证研究 IV 探索了小学生不同简算策略习得方式对其问题解决迁移的影响。结果发现，就近迁移而言，相比学优生，普通生从自我发现策略学习方式中获益更多；两类学生自我发现策略均比他人教授策略更能促进问题解决策略的远迁移。这提示教育工作者，嵌入在具体学科中的策略教学是必要的，但是它主要有助于近迁移。如果要追求问题解决策略向更广泛领域、向更新颖任务的远迁移，还需要借助发现学习方式（包含有指导的发现）让学生自我发现策略，让学生在大量的问题解决实践中抽象出更具适应性的问题解决策略。

**著　者**

2018 年 2 月

# 目　　录

# 第一章　导　　论

## 一、研究缘起

科学心理学对问题解决的研究,已经超过了一个世纪。以 20 世纪 50 年代中期的认知革命为分水岭,认知革命之前,问题解决历经了试误说、顿悟说等发展阶段,认知革命之后,又历经了信息加工理论、专长心理学等发展阶段,积累了很多有益的研究成果。然而,问题解决作为一种高级的思维过程,一种高水平的学习类型,人们对其奥秘的探寻和揭示还远远不够。由于不同研究取向或路径的侧重点不同,每种取向只能揭示问题解决的某个侧面。比如,格式塔取向重视问题表征,而信息加工取向则重视问题解决方案的生成(找到初始状态通往目标状态的路径)。然而,历史的演进却惊人地相似,20 世纪 70 年代末 80 年代初,专长心理学的兴起将人们的目光引至领域特殊知识(domain-specific knowledge),问题解决研究者开始重新重视问题表征,格式塔传统在当代得以复兴。可喜的是,当前认知心理学的进展为问题解决研究提供了新的背景和契机,使其对问题表征的重视处于一个更高的水平,重视问题表征和重视问题解决方案的生成可以在信息加工的框架中得以重整和融合。这也成为本书的出发点和立足点。

选择问题解决作为本书的论题,还缘于笔者长期以来对迁移研究的兴趣,以及对问题解决与迁移内在关联的思考。迁移是人类认知与学习的一个普遍特征,又是学校教育的重要目标,因此对迁移的研究既有理论需要,也有实践诉求。早在教育心理学创立之初,Thorndike 及其同事就在教育背景中对迁移进行了实证研究和理论概括。一个世纪以来,尽管不断有研究者对迁移的存在提出质疑,但迁移研究几乎从未中断。并且随着教育心理学研究范式的更迭,从行为主义到认知主义，再到情境主义①，人们对于迁移现象的理解更加深入和全面。截至目前，业已形成了一些颇具影响力的迁移理论，这些理论有力地揭示了迁移的内在机制，并力图寻求促进迁移发生的教学条件。从 20 世纪 80 年代起，问题解决迁移（problem-solving transfer）在迁移研究中受到了高度重视，迁移和问题解决出现了整合研究的取向。

应当说，迁移和问题解决的融通与整合有其必然性。首先，从学习结果测量的角度看，问题解决和迁移有着紧密联系。保持和迁移可被视为学习结果的两种经典测量手段。保持是指记住所呈现的学习内容的能力，可以用回忆（recall）和再认（recognition）项目来评估。而迁移是指在新情境中运用所学知识、技能和策略的能力，最好用问题解决项目来评估。因为问题解决是人类思维灵活性和创造力的集中体现，问题解决迁移就是指在新情境中解决以前没有遇到过且无现成可利用答案的问题的能力。因此，在测量学的意义上，问题解决和迁移具有内在同一性。其次，迁移和问题解决的融合还受到 20 世纪 70 年代中期以来的专长研究的影响。专长的知识观提醒人们注意，专家有效解决问题的能力可能是丰富的领域知识造就的，有必要从领域知识与一般能力互动的角度考虑人的胜任力。这种提醒促使特殊迁移（近迁移）重新引发了人们的关注，而问题解决研究者也不再满足于研究情境无涉、知识贫乏的实验室简化任务，开始把更多精力投向知识丰富的特定领域的问题解决。于是，特殊知识领域的问题解决迁移研究应运而生。

基于对问题解决研究趋势的总体把握和审慎思考，本书拟从工作记忆、心理模型和专长三个方面探讨问题解决的影响因素与认知机制。工作记忆可被视作问题解决者的一般能力，是问题解决的枢纽和工作站。工作记忆的容量（广度）制约着问题的表征、存储和加工，工作记忆的子成分对问题解决过程有着不同性质、不同程度的影响。专长可被视为问题解决者长时记忆中贮存的精深的知识和专门的技能，提供问题解决所需的先备知识（prior knowledge），是问题解决的前提和保证。而心理模型是问题解决者在工作记忆中建构的问题表征，是领域知识和问题解决策略互动的中介和载体，建构正确的心理模型是问题最终得以解决的关键。

---

① 不妨通过一个例子来理解情境主义：在巴西贫民区的街头，一些孩子在那儿贩卖水果。这些孩子并没有在学校里学过数学，但却能够和顾客讨价还价，把账算得清清楚楚。研究者把这些孩子带到实验室，把他们在路边和顾客交易水果的场景编成应用题让他们做，结果这些孩子的表现急剧下降，似乎不会算账了。这个例子说明了情境对于学习和迁移的影响。问题解决能力的迁移并非自动发生的，问题解决能力似乎和学习者身处的情境"绑定"了，学习的情境限制了问题解决技能的迁移。

# 二、国内外研究现状及趋势

本书的研究建立在长期关注、学习国内外问题解决研究成果的基础上,在此对国内外问题解决研究现状作简要概述,并对其发展趋势作出预见与展望。

## (一)国外问题解决研究现状述评

问题解决是心理学和人工智能等学科共同关注的重要研究领域。国外迄今已积累了大量的研究资料,出版了一些相关的专著和论文集(如 Sternberg,Frensch,1991;Kahney,1993;Robertson,2001;Wagman,2002;Davidson,Sternberg,2003)。

综观国外认知与教育心理学界,发现有一些研究者长期在问题解决研究领域深耕细作,贡献了具有持久影响力的研究成果。兹举例如下:

佛罗里达大西洋大学的 Stephen K Reed(后转入圣迭戈州立大学)从 20 世纪 70 年代就开始研究数学应用题问题解决,研究历程逾 40 年,在问题解决领域作出了重大贡献。他对图表、类比在代数应用题解决中的作用进行了深入研究,提出了应用题的结构映射模型;90 年代开始研究应用题的样例学习,2000 年以后又研究了方程问题解决。

加州大学洛杉矶分校的 Keith J Holyoak 对问题解决中的类比推理和类比迁移做了充分研究,探讨了如文本一致性对类比映射的影响等问题,从发展、教学等多重视角分别探究了类比推理问题。

爱荷华州立大学的 Gary D Phye 长期从事问题解决迁移和问题解决教学研究,对图式归纳和问题解决的关系、策略性迁移作为问题解决的工具进行了深入探讨,致力于在课堂中整合技术、教学与学习。

比利时鲁汶大学的 Erik De Corte 对数学应用题解决做了深入研究,并对迁移作出了有影响的界定,认为迁移是已获得的知识、技能和动机的创造性、支持性的使用;他还对数学课堂文化与实践的关系进行了深入解析。

此外,著名教育心理学家、美国心理学会教育心理学分会前主席 Richard E Mayer 长期以来也致力于问题解决和多媒体学习的研究。他带领的研究团队,结合多媒体学习的理论、原则和技术,在数学、物理学、电子学等知识丰富的学科领域开展了深入、富有成效的问题解决研究。

## (二)国内问题解决研究现状述评

国内的问题解决研究成果也颇为丰富,尤其是表现在以下领域中。

## 1. 问题解决的研究范式与方法研究

研究问题解决需要借助一定的研究范式与方法，国内研究者对此进行了探索和总结。辛自强（2002）将 Siegler 极力倡导的"微观发生法（the microgenetic method）"引入国内，认为该方法通过在变化发生的整个过程中对行为进行高密度观察，可以提供关于认知变化的路线、速率、广度、来源，以及变化模式多样性等方面的精细信息，对于理解心理变化的机制具有重要意义。[①] 辛自强（2004）在梳理了问题解决研究的历史脉络之后，认为问题解决研究应该建立在信息加工与建构主义思想整合的基础上，坚持主客体相互作用观，把问题解决既看作信息加工过程，又视为知识建构过程，继续深入开展研究。[②]

周玉霞、李芳乐（2011）总结了问题解决的研究范式，并建立了问题解决的影响因素模型。[③] 他们指出问题解决有两种水平（层面）的研究范式：表征水平的范式和社会文化水平的范式。其中，前者又包括实验法、口语报告分析、人工智能模型等研究方法；后者主要采用临床访谈法[④]研究问题解决的思维过程。邢强（2011）评述了顿悟问题解决的认知神经科学研究范式，包括内隐学习范式、远距离联想范式[⑤]和谜语范式[⑥]。[⑦]

## 2. 问题表征与问题解决策略研究

刘电芝较早开展了学习策略（含问题解决策略）相关的系统研究（刘电芝，

---

① 辛自强,林崇德.微观发生法:聚焦认知变化.心理科学进展,2002,10(2):206-212.

② 辛自强.问题解决研究的一个世纪:回顾与前瞻.首都师范大学学报:社会科学版,2004(6):101-107.

③ 周玉霞,李芳乐.问题解决的研究范式及影响因素模型.电化教育研究,2011(5):18-25.

④ 由著名儿童心理学家皮亚杰所倡导。临床访谈法实际上是自然观察、测验和精神病学的临床诊断的整合运用,包括对儿童的观察、谈话与儿童的实物操作三个部分,据此了解儿童的思维过程。临床访谈需要研究者根据儿童对前一个问题的回答灵活调整第二个问题的内容和提问方式,对研究者提出了较高的要求。

⑤ 远距离联想范式常用来测量个体的创造力,即将那些表面看似没有联系、意义相距甚远的事物建立新联系的能力。比如,看到几个由近及远、由大到小排列的圆圈,能够想到"离愁渐远渐无穷"这句古诗就是一种远距离联想能力。

⑥ 在谜语范式中,计算机屏幕呈现谜面,如典型的字谜问题"镜中人",如果被试顿悟了谜底,则直接按键反应,如果没有猜出谜底,则计算机屏幕上会跳出谜底("入"),这时被试可能会产生"啊哈"的顿悟体验,此时伴随的脑部活动会被记录下来,以备分析。

⑦ 邢强,车敬上,唐志文.顿悟问题解决研究的认知神经范式评述.宁波大学学报:教育科学版,2011,33(1):50-54.

1997,2000;刘电芝,黄希庭,2002;刘电芝,张荣华,2004)。具体内容涵盖:解题思维策略训练对小学生解题能力的影响(刘电芝,1989;张庆林等,1997),数学问题解决中的问题表征(刘电芝,2002,2004,2005a,2005b),小学生数学学习策略的运用与发展特点(刘电芝,黄希庭,2005),简算策略提高小学生计算水平及延迟效应(刘电芝,黄希庭,2008),初中生物理学习策略的掌握现状与特征分析(刘电芝,戴惠,惠晓红,2013),初中化学学习策略评估问卷的编制(刘电芝等,2013),小学英语学习策略掌握现状与发展特点(刘电芝等,2013),策略意识和策略情感对初中生数学学习策略的影响(刘电芝等,2015),初中生数学学习策略的个体差异(莫秀锋,刘电芝,2007),儿童的策略选择(吴灵丹,刘电芝,2006;刘电芝,杨会会,2008)、策略转换(褚勇杰,刘电芝,2009;余姣姣等,2016),等等。

周新林等利用行为学实验及脑电、核磁等神经生理学研究技术,对数学的认知与脑机制进行了深入研究。比如,加法和乘法算式的表征方式(周新林,董奇,2003),加减法文字题问题解决的影响因素(周新林,张梅玲,2003a,2003b,2003c),一位数加法、减法和乘法的事件相关电位(Zhou et al,2006),一位数加法和乘法运算在脑组织层面的分离(Zhou et al,2007a),一位数乘法的运算数顺序效应(Zhou et al,2007b),两位数的整体与局部加工(Zhou et al,2008;陈兰,翟细春,2009),儿童语言能力性别差异对算术成绩性别差异的解释(Wei et al,2012),视知觉对数量加工和计算流畅性关系的解释(Zhou et al,2015),大脑中的语义系统参与数学问题解决(Zhou et al,2018),等等。

司继伟对数学问题解决中的估算进行了大量深入的研究。其中涉及:小学儿童算术估算能力的发展(司继伟,2002;司继伟,张庆林,2003;司继伟,张庆林,胡冬梅,2008),估算的教学对策(司继伟,徐继红,罗西,2007;司继伟,2002),数学焦虑对估算策略和估算表现的影响(司继伟,徐艳丽,刘效贞,2011;孙燕,司继伟,徐艳丽,2012),工作记忆中央执行成分和中央执行负荷对估算策略和表现的影响(杨佳等,2011;司继伟等,2012;黄碧娟等,2016;艾继如等,2016;杨伟星等,2018),等等。

辛自强开展了数学问题表征和问题解决策略方面的研究,并提出"关系-表征复杂性模型"对数学问题解决过程中表征和策略的变化及其关系进行解释(辛自强,2003,2004a,2004b,2007;辛自强,俞国良,2003;辛自强,张莉,2009)。此外,他还在国内较早开展了分数认知方面的研究(刘春晖,辛自强,2010;辛自强,刘国芳,2011;韩玉蕾,辛自强,胡清芬,2012;辛自强,张睆,2012;辛自强,李丹,2013;辛自强,韩玉蕾,2014)。近期,辛自强及其合作者又探讨了两人或三人合作问题解决中惯例的发生和测量问题(张梅,辛自强,林崇德,2013,2015)。

除上述几位研究者之外，国内如陈英和、刘昌、邓铸、刘儒德等学者也开展了大量的问题表征和问题解决策略方面的研究。

### 3. 顿悟问题解决与创造力研究

顿悟问题解决与创造力研究已经成为国内一大研究热点，并出现了几支颇具影响力的研究团队。主要包括西南大学的张庆林和邱江团队，中国科学院心理研究所的罗劲团队，南京师范大学的刘昌、沈汪兵团队，华中师范大学的周治金、赵庆柏团队，以及华东师范大学的郝宁团队等。

张庆林、邱江等利用行为学实验、口语报告分析，以及神经生理学技术，进行了大量深入的顿悟问题解决研究（张庆林，1989，1996；张庆林，邱江，曹贵康，2004；张庆林，邱江，2005；曹贵康，杨东，张庆林，2006；任国防等，2007；邱江，2007；吴真真，邱江，张庆林，2008；吴真真，2010；邱江，张庆林，2011；罗俊龙等，2012），提出了顿悟的原型启发（激活）效应，并揭示了原型启发效应的认知与脑机制。在顿悟问题解决中长期存在进展监控说和表征转换说的争议，而原型启发理论得到了许多实验证据的支持，在一定程度上消解了顿悟研究的理论困境。

罗劲及其合作者创新研究范式，利用传统谜语、顿悟式谜语和"脑筋急转弯"作为刺激材料，以 ERP 和事件相关 fMRI 技术，在国际上首次报告了海马体在顿悟问题解决中的功能，在顿悟大脑机制方面取得了一系列原创性成果（Luo，Niki，2003；罗劲，2004）。综合各方证据，罗劲认为，顿悟过程中，新异而有效的联系的形成依赖于海马体，问题表征方式的有效转换依赖于一个"非语言的"视觉空间信息加工网络，而思维定势的打破与转移则依赖于扣带前回与左腹侧额叶。这些发现被誉为"揭开顿悟奥秘的一道曙光"（罗跃嘉，2003）。之后，唐晓晨、庞娇艳和罗劲（2009）又发现了顿悟中的蔡格尼克效应[①]，即问题求解失败会引起右半球对相关问题信息的保持增强，并最终导致右半球对相关提示信息更加敏感。

刘昌、沈汪兵等（2012）对人类顿悟脑机制近 10 年的研究进展进行了综述，汇聚了有关"顿悟脑"的主要研究发现。[②] 顿悟脑主要由外侧前额叶、扣带回、海马体、颞上回、梭状回、楔前叶、楔叶、脑岛和小脑组成。就各脑区的功能而言，外侧前额叶主要负责顿悟难题思维定势的转移和打破，扣带回则参与新旧思路

---

[①] 源于格式塔心理学家的发现，即人们对于那些尚未完成的任务的记忆常常比已经完成的任务的记忆更好。

[②] 沈汪兵，罗劲，刘昌，等. 顿悟脑的 10 年：人类顿悟脑机制研究进展. 科学通报，2012，57（21）：1948-1963.

的认知冲突及解题进程的监管,海马体、颞上回和梭状回组成了"三维一体"的、专门负责新异而有效联系形成的神经网络,问题表征的有效转换则依赖于楔叶和楔前叶组成的"非言语的"视觉空间信息加工网络,脑岛负责认知灵活性和顿悟相关情绪体验,而与反应相关的手指运动的皮下控制则依赖于小脑。沈汪兵等(2013)还对顿悟类问题解决中思维僵局的动态时间特性进行了研究。[1]

周治金、赵庆柏研究团队近年来在顿悟问题解决及语言创造力方面,做了一些卓有成效的工作。比如,他们利用眼动技术研究了汉语成语谜语问题解决中的简单联想和新异联想这两种思路竞争的过程(黄福荣,周治金,赵庆柏,2013)。结果发现,选择"新颖且合适答案"的任务要求,提高了成功形成新颖语义联结的概率,但是并没有加快新异联想发生、发展的进程,也没有改变两种思路相互竞争的局面;有效的规则线索可以抑制简单联想,阻止其发生,同时可以加快新异联想发生、发展的进程。此外,他们还探讨了创造性问题解决的动态神经加工模式(赵庆柏等,2015),新颖语义联结形成的右半球优势效应(赵庆柏等,2017),以及网络语言的创造性加工过程(赵庆柏等,2017)。

郝宁团队在群体创造活动的脑间互动机制、发散性思维的脑机制、工作记忆执行功能在创造性思维中的作用、具身创造力等方面做了系列研究工作。他们受到"三个臭皮匠,顶个诸葛亮"这则谚语的启发而进行的一项群体创造力研究工作颇具创意。[2] 研究者首先通过预实验选择出高、低创造力者各 30 人,然后组成三种类型的两人小组(高-高组、低-低组和高-低组)。这三种类型的两人小组均要在正式实验中完成一个创造力任务。在任务期间,主试使用功能性近红外光谱技术(fNIRS)同时观测记录两个个体在前额叶脑区和右侧颞顶脑区的脑活动变化,然后根据这些脑活动变化计算团队内部个体的脑间活动同步性。被试的行为结果和 fNIRS 结果一致表明,当两个低创造力个体一起进行创造活动时,他们更倾向于彼此合作,他们之间较高水平的合作能够弥补其个人创造力水平较低的不足,促进其团队的整体创造表现。

### (三)国内外问题解决研究的新趋势:具身问题解决

现有问题解决的相关理论主要是在传统"离身认知"框架中提出的,主张问题解决是在大脑"硬件"中运行规则或原理等"软件(算法)"的过程,认知虽然表现在包括大脑在内的身体上,但其功能却独立于身体而存在。其后的"热"认知

---

① 沈汪兵,刘昌,袁媛,等.顿悟类问题解决中思维僵局的动态时间特性.中国科学:生命科学,2013,43(3):254-262.

② Xue H,Hao N,Lu K. Cooperation makes two less-creative individuals turn into a highly-creative pair. Neuroimage,2018,172:527-537.

研究虽然开始关注信念、情绪对问题解决的影响，但对"身体(body)"参与问题解决的考量还远远不够。事实上，无论是从发展还是从学习的角度而言，认知都与身体动作密切相关。皮亚杰指出，认知源于动作(act)，动作引发的主客体相互作用(人-物互动)是心理发展的源泉。布鲁纳也提出，个体采用动作式表征、映像式表征和符号式表征三种系统来解决问题。

20世纪80年代兴起的"具身认知"主张认知过程由身体的物理属性所决定；认知的内容由身体提供；认知嵌入大脑，大脑嵌入身体，身体嵌入环境。具身学习强调学习是具体身体的学习，学习受身体的制约和促进，身体动作、知觉、体验和活动在学习中具有基础性作用，概念、规则的获得和问题解决与身体经验密切相关。在此背景下，"具身问题解决"研究开始兴起，研究者试图把问题解决中"遗失的身体"找回来。下面，以数学问题解决为例，大致勾勒一下具身问题解决的研究趋势。

数学是一门高度抽象的学科，一些知识可能难以通过感官直接感知。然而，具身认知理论的出现还是引发了数学认知研究者的思考与行动。一项三角函数的具身学习实验表明，数学学习需要想象力的参与，而身体行为在想象活动中扮演了重要角色，学习者对数学概念的理解是具身的(Nemirovsky，Ferrara，2008)。Kim等(2011)探究了手势在几何学习中的作用，认为身体动作有助于学生形成关于几何的空间思维和抽象概念。Mavilidi等(2018)研究发现，学前儿童学习算术技能时，执行与任务相关的整合性身体活动，学习效果要好于执行非整合性身体活动、观察他人的整合性身体活动和静听式教学；儿童更喜欢伴随身体活动的教学方法。2012年，*Journal of the Learning Sciences* 辟专辑探讨了数学学习与教学中的具身性问题。其中，Alibali和Nathan (2012)考察了师生在学习数学概念时使用的指向性手势、表征性手势和隐喻性手势在认知过程中的不同作用，指出数学知识学习建立在身体感知和行动的基础之上。Nemirovsky等(2012)则以复杂数字加法和乘法的几何解释为例，指出数学顿悟由知觉-运动活动构成并由其表达，同时强调了学习环境和背景对数学观念的塑造作用。可见，国外具身学习研究已经从理论走向实证，开始以实验或干预研究探讨身体活动对学习的影响。既有高技术支持条件下的研究(如体感交互或虚拟现实学习环境)，也有传统弱技术环境下的研究(如便携式学具)。可以预见，具身学习将会在实证研究方面继续深入推进。就国内而言，具身数学强调从学生已有的生活经验入手，促进对数学概念的理解。金小丹、徐稼红(2014)发现，日常生活的原型可以引导学生对二次函数图像形成直觉概念，以具身经验来类比二次函数，使学生明白二次函数是用来描述两个变量间的关系的。王翠(2017)提出了"图形与几何"的具身学习操作策略：融于环境中的行走,加强对度量单位的感知;基于操作中的探究,从知识的本源形成表象;寓于想象中的推理,形成结构化的知识体系。此外,还有人探讨了具身学习在"数学慢教育"中应用的思路(孙朝仁,朱桂风,2017),具身认知对高中数学教学的指导性作用(申学勤,耿德乾,2017),以及如何在现代信息技术环境下基于具身认知理论设计数学教学模型(高萌,吴华,2016)。可以说,国内结合具体学科的具身学习研究尤其是具身数学研究才刚刚起步,实证研究较为薄弱,对具身学习认知机制和脑机制的探讨均不深入,亟须进一步加强。

# 三、本书的价值与创新

本书以理论探索和实证研究相结合的方式,从工作记忆、心理模型和专长等多重视角审视了问题解决的影响因素和认知机制。现将其学术价值、应用价值和创新之处分述如下。

## (一)学术价值

纵观国内,除已发表的一些期刊论文外,有关问题解决的专著屈指可数,专著仅见辛自强的《问题解决与知识建构》(2005)一书,译著仅见张奇等翻译Robertson的《问题解决心理学》(2004)一书。从这个角度而言,本书的写作和出版可以填补国内问题解决心理学专著的相对空白状态。

本书的学术价值在于厘清了问题解决研究的三条路径,即重视问题表征、重视生成问题解决方案及重视二者之间的交互作用;介绍了问题解决的常用研究方法和技术,如口语报告法、行为学实验法、计算机仿真法和神经生理学研究法;然后从工作记忆、心理模型和专长三个角度出发较为系统、深入地探讨了问题解决的影响因素和认知机制,并在这三大主题统摄之下进行了数学和电学领域的四项实证研究,得出了较为可靠的研究结论,丰富了现有的问题解决研究成果。

## (二)应用价值

本书视问题解决能力为一种专长,而专长研究提供给我们的最重要的启示是:专家是造就的,不是天生的(Experts are made,not born),因此,问题解决能力必定是可以培养的。为此,本书不仅从学理上探讨了问题解决心理学的重大理论问题,介绍了问题解决心理学的重要研究成果,而且将培养专家型问题解决者纳入考察范围,力图凸显专长与问题解决研究的应用价值,为专家型问题解决者的培养提供策略参考和有价值的指导。比如,本书第五章从"教什么"和

"如何教"两个方面提出了专家型问题解决者的培养策略。在结语部分，进一步从领域知识教学、心理模型教学、问题解决策略教学、日常问题解决和适应性专长等方面为教育实践工作者提供了切实可行的操作化建议。最终，提出了"从常规专长走向适应性专长"的设想。

此外，本书的系列实证研究是基于数学和电学领域进行的，其所得的研究发现对于改进 STEM(science,technology,engineering,mathematics)领域的学习和教学，尤其是这四大领域的问题解决具有一定的参考价值。

### (三)创新之处

本书的主要创新之处在于从工作记忆、心理模型和专长相整合的视角探讨问题解决的影响因素和认知机制，主张"问题解决即工作记忆中心理模型的建构"。其新意主要表现在三个方面：其一，关于工作记忆对问题解决影响的探讨，并未停留在一般层面，而是深入地探讨了工作记忆的四个子成分(语音环路、视空间模板、情景缓冲器、中央执行系统)的具体功能对问题解决的影响。同时，将认知负荷理论引入问题解决，探讨了直指问题解决的认知负荷优化策略。其二，基于对心理模型及其探查技术的阐述，提出心理模型是一种陈述性知识和程序性知识相整合的表征形式，它可以作为领域知识与问题解决策略互动的中介和载体。其三，成功的问题解决有赖于新旧信息的整合，即问题情境提供的新信息和长时记忆中先备知识的有效整合，因此把专长纳入问题解决研究具有重要意义。

本书研究发现，心理模型这一构念在问题表征和问题解决策略研究中体现出有效性和优越性，"问题解决即工作记忆中心理模型的建构"这一命题是可以成立的。

## 四、本书的架构

本书在界定问题、问题解决、问题解决策略等核心概念的基础上，系统梳理了问题解决研究的历程与路径，全面介绍了问题解决的研究方法与技术，深入探讨了工作记忆、心理模型、专长(领域知识)与问题解决的关系，深刻揭示了工作记忆广度和子成分对问题解决的影响、心理模型对问题表征和推理的影响，以及专长对问题解决的影响。基于此，本书还提出了培养专家型问题解决者的目标，并探析了专家型问题解决者的培养策略，以期为学习者成长为专家型问题解决者提供借鉴和参考。本书除了前言和结语之外，共分为五章。

　　第一章，导论，介绍了本书的研究缘起；考察了问题解决的国内外研究现状，如问题解决的研究范式与方法研究、问题表征和问题解决策略研究，以及顿悟问题解决与创造力研究等，并勾勒了其未来研究趋势之一——具身问题解决；指出了本书的学术价值、应用价值和创新之处。

　　第二章，阐述了问题、问题解决和问题解决策略的含义，并对问题解决中的认知过程，以及当前问题解决策略研究的争议进行了简要的梳理。然后，在简要回顾问题解决研究历程的基础上，论述了问题解决研究的三条路径：注重问题解决方案生成、注重问题表征，以及注重问题表征与问题解决方案生成的相互作用，进而指出当前问题解决研究正日益呈现出问题表征研究与问题解决方案生成研究相融合的趋势。最后，介绍了一些常用的问题解决研究方法，如口语报告法、计算机仿真法、行为学实验法和神经生理学研究法。

　　第三章，首先简要介绍了工作记忆的基本内涵，详尽阐述了工作记忆的多成分模型，然后结合当前富有影响力的认知负荷理论剖析了工作记忆广度和工作记忆子成分对问题解决的影响，最后通过一项实证研究深入探讨了中央执行抑制能力、问题情境与难度对多位数减法估算问题解决的影响。

　　第四章，首先简要回顾了心理模型的提出及发展历程，厘清了心理模型的实质，介绍了心理模型的探查技术。指出心理模型是一种特殊的包含命题表征和表象表征在内的综合性表征形式，心理模型的适切性对问题的成功解决至关重要。然后，剖析了心理模型对问题解决过程中的问题表征和推理的影响。最后，通过两项实证研究深入探讨领域知识、心理模型与问题解决策略选择及迁移的关系。

　　第五章，首先介绍了专长获得的争议，阐明了专长获得的一种理论——刻意训练理论，并探查了基于刻意训练理论的专长获得过程；接着介绍了专家-新手比较研究范式的由来，并从解题速度、解题方式和解题策略三个方面分析了专家和新手在问题解决上的差异；然后聚焦学科领域，探讨了新手成长为专家型问题解决者的三个阶段，并据此从"教什么"与"怎么教"两个方面提出了专家型问题解决者的培养策略；最后通过一项实证研究探讨了不同策略习得方式对小学数学学优生和普通生简算策略迁移的影响。

# 第二章 问题与问题解决

本章首先阐述了问题、问题解决和问题解决策略的含义,并对问题解决中的认知过程以及当前问题解决策略研究的争议进行了必要的分析。然后,在简要回顾问题解决研究历程的基础上,深入论述了问题解决研究的三条路径:注重问题解决方案生成、注重问题表征,以及注重问题表征与问题解决方案生成的相互作用,进而指出当前问题解决研究正日益呈现出问题表征研究与问题解决方案生成研究相融合的趋势。最后,介绍了一些常用的问题解决研究方法,如口语报告法、计算机仿真法、行为学实验法和神经生理学研究法。

## 一、问题解决及其策略

在日常生活中,我们每天都会遇到许许多多问题,每天都在运用各式各样的问题解决策略进行着复杂的问题解决活动。但问题的确切含义是什么?问题解决涉及怎样的认知过程?问题解决策略具体有哪些类型?这是问题解决心理学首先需要回答的问题。

### (一)问题

#### 1.问题的界定

什么是"问题"?心理学界至今仍众说纷纭。但德国心理学家邓克尔(Duncker,1945)对"问题"所作的经典界定似乎颇有启发。

> 问题出现在一个活着的人有一个目标但不知道怎样达到这一目标之时。无论何时,当一个人不能仅仅通过动作从一个给定的情境到达渴望的情境,就必须求助于思维。这种思维的任务是设计某种行

动,而这种行动将成为现有情境和渴望情境之间的中介。[①]

尽管问题解决的主体早已不限于"活着的人",还可以是一些人工智能装置,但这一界定仍从根本上指出了问题所包含的三种成分:一是给定成分——即问题的初始状态(initial state),其中包含一些已知条件和限制条件(restrictions);二是目标成分——即问题的目标状态(goal state);三是障碍成分——即从问题的初始状态到目标状态之间的中介状态及各个步骤,而状态之间的转换涉及算子(operators)的运用。

### 2.问题的类型

按照不同的标准,可以将问题划分为不同的类型。现有的问题分类主要有以下几种。

(1)定义良好的问题与定义不良的问题。

按照问题的特征,可以将问题划分为定义良好的(well-defined)和定义不良的(ill-defined)。在定义良好的问题中,给定的初始状态、目标状态和允许的算子对问题解决者而言都是清楚明确的。比如,像"1.27×0.28＝＿＿"这种计算题就是定义良好的,因为给定的初始状态是"1.27×0.28",目标状态是一个数字答案,允许的算子是小数乘法的程序。类似地,一个像"half 的复数是＿＿"这样的语法问题也是定义良好的,因为给定的初始状态是"half",目标状态是产生一个特定的单词,算子是变 f 为 v 并加后缀-es。在定义不良的问题中,问题给定的初始状态、目标状态和允许的算子对问题解决者来说都不是特别清楚。比如,写一篇关于大学生谈恋爱是否影响学习的评论性文章、为学校图书馆设计一个宣传标语、做一顿可口的晚餐这样的任务,就是定义不良的问题,因为允许的算子是不清晰的,并且在某种程度上目标也是不明确的。

(2)常规问题与非常规问题。

按照学习者所拥有的背景知识,可以将问题划分为常规的(routine)和非常规的(nonroutine)。常规问题是指问题解决者已拥有现成解决程序的问题。比如,如果一个学生通过大量练习已经学会了整数长除法的程序,那么一个新的长除法问题就是常规问题。相反,非常规问题是指问题解决者之前没有学过针对它的专门解决程序的问题。比如,一个年龄尚小、加法知识有限的学生可能这样解决3＋5＝＿＿的问题:"我可以从 5 中拿出 1 并把它给 3,5 减去 1 是 4,3 加上 1 是 4,4 加上 4 是 8,所以答案是 8。"此时,我们说这个学生发明了一种新的问题解决程序。严格来说,问题解决只针对非常规问题,换句话说,问题解决

---

[①]　Duncker K,Lee L S. On problem-solving. New York:Greenwood Press,1971.

强调的是邓克尔的观点，即"当你不知道怎么做时，你会做什么？"[①]

（3）归纳结构问题、转换问题与排列问题。

根据问题解决所涉及的认知过程与操作技能的不同，可以将问题划分为归纳结构问题、转换问题和排列问题（Greeno，1978）。[②]

归纳结构问题要求问题解决者发现问题中给出的各个要素之间的结构关系，才能得出最终的答案。最为典型的是类比推理问题。例如，"骨骼对于_____，相当于梁柱对于房屋"，这个问题需要解决者理解梁柱与房屋的涵义，推导出两者之间的逻辑关系，然后将这种关系映射到前两项的关系上，这样才能从"肌肉、关节、上肢、人体"四个选项中选出正确答案。而解决该问题需要的认知过程主要是理解问题中给定要素之间的结构关系。

转换问题要求问题解决者找到一个操作程序，将问题的起始状态转化为目标状态。最为典型的是河内塔问题。解决转换问题所需要的主要认知技能是手段-目的分析。如图 2.1 所示，三圆环河内塔问题的起始状态是大、中、小三个圆环从上到下、从小到大套在 A 柱上，要求问题解决者按照"一次只能移动一个圆环""不能把大环放在小环上""圆环只能放在柱子上"的规则移动圆环，最终把三个圆环按从上到下、从小到大的顺序套在 C 柱上。即通过遵循一定的规则（限制），将问题从起始状态转换为目标状态。这其中的手段-目的分析策略体现为一种"目标递归"，即，要把最大的圆环移到 C 柱上，就必须把它上面的中圆环和小圆环移走，而要移走中圆环，又必须先把小圆环移走，移走小圆环时还要考虑是把它放在 B 柱还是 C 柱上。

排列问题要求问题解决者将一些要素按照某种标准重新排列，从而得出符合要求的答案。解决排列问题所需要的主要认知技能是建构性搜索，也就是说，问题解决者要系统地考察各种可能的组合，直至找到答案。最典型的排列问题是字母重排成单词问题。比如，"排列 dnsuo 五个字母，使之成为一个有意义的英语单词"，按照排列组合的原理，这 5 个字母共有 120 种可能的组合，因此，只要穷尽 120 种可能的组合，一定可以找出唯一正确的答案。然而，在面对此类问题时，问题解决者并不是漫无目的地尝试，而是会借助已有的词汇知识和学习经验作一个初步的判断，比如想到"un""ou"这些在英语中常见的字母组合，从而大大提高问题解决的效率，很快找到"sound"这个答案。

---

① Frensch P A，Funke J. Complex problem solving：The European perspective. Hillsdale，NJ：Lawrence Erlbaum Associates Inc，1995.

② Greeno J G. Natures of problem-solving abilities. In Estes W K. Handbook of learning and cognitive processes. Erlbaum，1978，5：239-270.

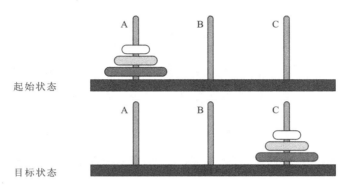

**图 2.1 河内塔问题的起始状态和目标状态**

（4）语义丰富的问题与语义贫乏的问题。

根据问题解决所需的背景知识经验的多少，可以将问题划分为语义丰富的问题（knowledge-rich problem）和语义贫乏的问题（knowledge-lean problem）（Robertson，2001；辛自强，2005）。语义丰富的问题是指该问题的解决需要问题解决者拥有较多的知识经验，能够进行丰富的语义联想的问题。比如，棋类活动就是典型的语义丰富的问题，如果一位专业棋手想要自如应对不同棋局并最终取胜，那么他必须具备有关开局、防守、进攻策略等方面的丰富知识和经验。再如，涉及物理学、生物学、化学、政治学、经济学、社会学等领域知识的学科问题和真实生活问题都属于语义丰富的问题（如，如何求一个原函数的反函数，如何解决日益增加的犯罪问题，等等）。语义贫乏的问题是指该问题的解决不需要问题解决者具备太多知识经验的问题。比如，河内塔问题和小矮人与魔鬼过河问题就是典型的语义贫乏问题。

（5）顿悟问题与多步骤问题。

根据解决问题所需要的决定性步骤的多少，可以将问题划分为多步骤问题与顿悟问题。有些问题一旦获得恰当的问题表征，问题解决就变得相当直接或非常迅速，它们被称为顿悟问题。比如，在"我有满满一抽屉袜子，黑色袜子和蓝色袜子的比例是 4：5，我得从抽屉中抽出多少只袜子才能确保得到一双同颜色的袜子"问题上，如果问题解决者将注意力集中在 4：5 这一比例上，那么会无比纠结究竟会经过多少步才能完成任务，但忽然间发现其实根本不需要关注这个比例，只要拿出 3 只袜子就必然会有一双同色的，于是顿悟了。再如，"36 口缸，7 条船来装，条条装单不装双，请问怎么装"这个问题也是顿悟问题，答案其实是无法装，如果 7 条船每条都装单数缸，则其总数必然为单数，而 36 是双数，因此不能装。有些问题即便获得恰当的问题表征，也仍然需要按部就班地执行一些程序或步骤才能得以解决，这类问题被称为多步骤问题。如，求解一个二元一次方程就是典型的多步骤问题。

## （二）问题解决

### 1. 问题解决及其特征

由于对问题这一概念的理解不同，心理学家们对问题解决的表述也有很多。其中，J R Anderson 和 R E Mayer 对问题解决的理解和概括是认知心理学中较具代表性的。Anderson(1980)把问题解决界定为任何指向目标的认知操作程序。[①] 他认为，问题解决主要包括三个特征：其一，问题解决具有目的性，即问题解决者从问题的初始状态出发，克服重重障碍，以达到问题的目标状态；其二，问题解决包含一系列的运算，即问题解决的过程中要选择和运用一系列算子以达到最终的目标；其三，问题解决具有认知性，因为不管什么样的问题，其解决效果都依赖于认知活动的紧张性和质量。简言之，问题解决就是有认知成分参与的有目的的一系列运算。

无独有偶，Mayer 在问题解决上与 Anderson 持大致相同的立场。他在2006 年出版的《教育心理学手册(第 2 版)》中再次重申了对问题解决的理解：问题解决是当问题解决者没有明显的解决方法时，旨在达到目标的认知加工(Lovett，2002；Mayer，1992，2006)。[②][③] 根据 Mayer 等的定义，问题解决具有四个主要特征：其一，问题解决是认知的，即它出现在问题解决者的认知系统内部并且只能通过他们的行为间接推断出来；其二，问题解决是一个过程，即它涉及在问题解决者的认知系统内表征和操作知识；其三，问题解决是定向的，即问题解决者的认知加工被其目标所指引；其四，问题解决是个人的，即问题解决者个人的知识和技能会决定问题的难易程度，利用这些知识和技能能够克服解决办法的障碍。

不难看出，Mayer 等关于问题解决的定义足够宽泛，可以包含许多高级的学业任务，比如写一篇议论文(Kellogg，1994)，解决一道不熟悉的算术应用题(Reed，1999)，或者理解电动马达是如何工作的(Mayer et al，2003)。这一宽泛的定义也可以容纳许多高级的非学业任务，比如确定怎样从 2/3 杯软干酪中取出 3/4(Lave，1988)[④]，或者确定租哪一间公寓更划算(Kahneman，Tversky，2000)。

---

① Anderson J R. Cognitive psychology and its implications. New York：W H Freeman，1980.

② Lovett M C. Problem solving. In Medin D. Stevens' handbook of experimental psychology：Vol. 2. Memory and cognitive processes. New York：Wiley，2002：317-362.

③ Mayer R E. Thinking problem solving，cognition. 2nd. New York：Freeman，1992.

④ 关于这个问题的解释可见本书"结语"部分。

### 2.问题解决中的认知过程

问题解决可被分解为一些成分性的认知过程,包括表征、计划/监控、执行和自我调节。表征即问题解决者把一个外部呈现的问题转化为内部心理表征,比如一道应用题的情境模型——即问题中所描述情境的一种表征(Mayer,2003;Nathan et al,1992)。在问题解决的经典理论中,表征一个问题涉及建立一个问题空间——初始状态、目标状态,以及所有合法的中间状态的一种表征(Bruning et al,2004)。[1] 计划涉及为解决问题而设计一种方法,比如把一个问题分解为多个部分,而监控涉及评估解决方法的适当性和有效性。执行即问题解决者实际贯彻计划好的操作,比如进行算术运算以解决一道应用题。自我调节是指激起、更改或维持指向目标达成的认知活动(Schunk,2003)[2],比如对一个问题感觉有困难时决定开始行动。尽管课堂教学主要强调执行,但多数学习者的困难涉及表征、计划/监控和自我调节(Mayer,2003)。[3]

如图 2.2[4] 所示,一个一般问题解决的脚本可视为由四个阶段构成的逻辑序列,即识别问题的本质、形成问题的内部或外部表征、选择最适当的解决策略以及评估解决方案(Pretz et al,2003)。[5] Pretz 等提出的问题解决脚本是问题解决所涉及的认知过程的另一种表达,两者均强调对问题的表征,以及对解决方案的计划、监控与自我调节。

事实上,问题解决过程还依赖于不同类型的知识。当前认知心理学研究发现,知识可分为陈述性知识(declarative knowledge)和程序性知识(procedural knowledge)两大类别,其中又可细分为:事实性知识、概念性知识、程序性知识、策略性知识、信念,以及元认知知识。事实性知识是指诸如"北京是中国的首都"或"1879 年冯特建立了世界上第一个心理学实验室"之类的事实知识。概念

---

① Bruning R H,Schraw G J,Norby M M,et al. Cognitive psychology and instruction. 4th. Upper Saddle River,NJ:Merrill Prentice Hall,2004.

② Schunk D. Self-regulation and learning. In Reynolds W M,Miller G E. Handbook of psychology,Vol. 7. New York:Wiley,2003:59-78.

③ Mayer R E. Learning and instruction. Upper Saddle River,HJ:Merrill Prentice Hall,2003.

④ 图 2.2 也显示了专家图式在问题解决中的作用:由于专家之前解决过大量类似的问题,已经形成了问题图式,能够把问题及其解决策略归入不同类型,因而可以跳过问题表征阶段,迅速找到与问题相匹配的策略。

⑤ Schraw G. Knowledge:Structures and processes. In Alexander P A,Winne P H. Handbook of educational psychology. 2nd. Mahwah,NJ:Lawrence Erlbaum Associates,2006:245-263.

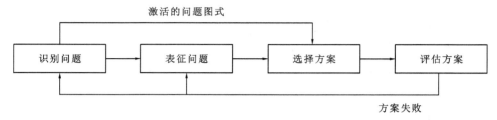

图 2.2　一般问题解决脚本

性知识是指范畴、原理和模型知识，比如对热空气为何上升或电动机如何工作的因果解释。程序性知识是指关于如何做事的特定程序知识，比如整数长除法的程序或怎样将名词从单数形式变为复数形式。策略性知识涉及一般方法知识，比如怎样把问题分解为部分或怎样给段落做摘要。元认知知识涉及个体对自己认知加工过程的意识和控制。如，Bruning 等（2004）提及的"条件性知识（conditional knowledge）"就是一种典型的元认知知识或自我调节知识，这一术语意指个体知道为何、何时，以及在何处使用某一特定的知识。[①] 拥有较高程度条件性知识的个体更能够识别特定学习情境的需求，从而可以选择最适合那一情境的一些策略（Schraw，2001）。[②] 此外，研究者指出，元认知知识还包括信念，比如"我不擅长数学"。

　　问题解决中的具体认知过程与不同类型的知识之间存在着对应关系。Mayer 和 Wittrock（2006）的研究表明，表征的认知过程主要依赖事实和概念，计划/监控的认知过程主要依赖于策略，执行的认知过程主要依赖于程序，自我调节的认知过程依赖于信念和相关的元认知知识，如表 2.1 所示。[③]

表 2.1　　　　　　　　问题解决中的认知过程及其所涉知识类型

| 认知过程 | 知识类型 |
| --- | --- |
| 表征 | 事实、概念 |
| 计划/监控 | 策略 |

　　① Bruning R H, Schraw G J, Norby M M, et al. Cognitive psychology and instruction. 4th. Upper Saddle River, NJ: Merrill Prentice Hall, 2004.

　　② Schraw G. Promoting general metacognitive awareness. In Hartman H J. Metacognition in learning and instruction: Theory, research and practice. London, England: Kluwer Academic, 2001: 3-16.

　　③ Mayer R E, Wittrock M C. Problem solving. In Alexander P A, Winne P H. Handbook of educational psychology. 2nd. Mahwah, NJ: Lawrence Erlbaum Associates, 2006: 287-303.

续表

| 认知过程 | 知识类型 |
|---|---|
| 执行 | 程序 |
| 自我调节 | 信念/元认知知识/条件性知识 |

### (三)问题解决策略

#### 1.问题解决策略及其构成

顾名思义,问题解决策略主要是指解决问题中的策略,它具体包括在问题解决中所使用的认知策略以及对这些策略的元认知调节。

(1)问题解决中的认知策略。

认知策略这一术语,通常被认为最早见于 1956 年 J S Bruner 等对人工概念的研究当中。Bruner 的实验表明,人工概念的形成过程是一个假设检验的过程,而被试在连续地提出假设和检验假设时采取了两种主要的策略,即"聚焦"策略和"扫描"策略。Bruner 把这些不同的策略称为认知策略。可以看出,Bruner 在提出认知策略的概念之初,把它看作个人在解决思维问题时所采用的思维方法。

继 Bruner 之后,对认知策略的研究开始受到关注,并取得了较为丰硕的成果。比如,Skinner(1968)将认知策略称之为"自我管理的行为";Rothkopf(1971)提出了"萌发学习"的概念,意指在学习活动中学习者将采取积极的试背、超额学习,以及采用记忆术等手段来帮助学习的发生;等等。

在认知策略研究领域蓬勃发展的过程中,Robert Gagne 作出了重大的贡献。Gagne(1977)发展了认知策略的概念,把认知策略看作与智慧技能并列的一类学习结果。他认为,智慧技能是使用符号与环境相互作用的能力,而认知策略是学习者用以支配自己的心智过程的内部组织起来的技能。具体来说,认知策略是一种"控制过程",是学习者赖以选择和调整他们的注意力、学习、记忆和思维的内部过程(Gagne,1985)。这一定义至今仍在认知策略的研究中具有很强的适用性。Gagne 在《学习的条件与教学论(第四版)》中就新增了"认知策略"一章,对当时已为众多同行所认可的、与学生的整个认知过程的各个环节有关的各种认知策略作了归类描述,即注意中的认知策略、编码中的认知策略、提取中的认知策略和解决问题中的认知策略。

而当前问题解决中的认知策略研究主要面临以下三个难题。

一是如何准确地识别问题解决中的认知策略。尽管很容易理解学习者在执行控制其内部思维过程中的所作所为,但清楚地对这些策略加以归纳和命名仍有困难,同时也难以通过控制问题情境来探查学习者究竟使用了哪些策略。现有的较有意义的研究是对可应用于多种问题解决的一般性认知策略的探寻。怀特和维特罗克(White,Wittrock,1982)发现了解决问题的四个一般认知策略:探寻深层含义策略,应用原理解决问题要略优于仅用事实解决问题;局部目标策略,即使用逐步的"爬山式"方法把问题中的子目标连成一串;方法灵活性策略,即突破单一思维,用多种方式如文字、图解或类推等对问题进行表征或转换;部分综合策略,即将部分综合成整体。最近,司继伟、艾继如(2017)介绍了国内外认知策略研究中一种相对新颖的范式——选择/无选法,即通过分别在有选择和无选择条件下,收集个体解决问题时的策略运用情况,可以获得关于策略库、策略分布、策略执行效能及策略选择等多方面的信息,对探究人类认知加工中的复杂策略选择行为具有重要意义。①

二是如何说明和验证问题解决中认知策略的泛化或迁移。学习者在问题解决中习得一种认知策略后,我们总是期望他在今后其他各种问题解决情境中出现学习迁移。进一步而言,学习者仅仅在同类问题领域发生认知策略迁移是不够的,还需将习得的认知策略迁移至完全不同的问题领域。但如何设计不同的问题情境来演示和验证这种迁移较为困难,同样地,精心设计认知策略教学来促使这种迁移发生也不太容易。

三是如何看待问题解决中认知策略的意识性和可控性。当一个人首次学习使用某一策略时,他是有目的的,他经过深思熟虑规划了每一个步骤,并监控策略的执行情况。然而,随着专长的与日俱增,曾经有意识地考虑过的东西变得越来越自动化,需要的有意识的注意和反省越来越少。Pressley 等(1985)强调了认知策略的可控性问题:策略可以是某种单一操作,也可以是一系列相互依存的操作;策略可以实现认知的目的(如理解、记忆等),策略是一种有意识的和可控制的活动。我们认为,特殊领域的基本技能可以自动化,但特殊领域的认知策略绝不可能达到完全的自动化(因为策略性知识的条件句中始终存在着变化),否则人的行为就会显得非常刻板和僵化。

(2)问题解决中的元认知调节。

"元认知"是美国发展心理学家 Flavell 于 20 世纪 70 年代提出的一个概念。近 50 年来,研究者们围绕元认知开展了大量研究,使其逐渐成为当前认知和教育心理学的研究热点之一。元认知对心理学研究的深刻意义在于,它对传统的不同认知领域之间的界限提出了质疑。传统观点将认知活动人为地划分为知

---

① 司继伟,艾继如.选择/无选法:探究人类认知策略表现的新范式.首都师范大学学报:社会科学版,2017(2):164-169.

觉、记忆、思维、言语等范畴，在一定程度上割裂了这些现象之间的内在联系；而元认知研究则削弱了这种人为的割裂，它强调传统认知范畴之间的相似性而非其区别，因此有助于传统认知领域的重新整合，有助于将个体作为一个完整的人来研究。

Flavell(1981)将元认知界定为"反映或调节认知活动的任一方面的知识或者认知活动"。① 他认为元认知由两大要素构成：一是元认知知识，即个体所存储的既和认知主体有关，又和各种任务、目标、活动及经验有关的知识片段。二是元认知体验，即伴随并从属于智力活动的有意识的认知体验或情感体验。② Brown 等(1984)将元认知界定为"个人对认知领域的知识和控制"。③ 他也认为元认知由两大要素构成：一是"关于认知的知识"，即个体关于他自己的认知资源及学习者与学习情境之间相容性的知识。这类似于 Flavell 所谓的"元认知知识"。二是"认知调节"，即一个主动的学习者在力图解决问题的过程中所使用的调节机制，它包括一系列的调节技能，如计划、检查、监测、检验等。④ 显而易见，Flavell 和 Brown 在元认知成分界定上的分歧，在于 Flavell 分析的是作为静态的知识结构的元认知，而 Brown 分析的则既是知识实体，又是动态过程的元认知。进一步而言，分析对象的不同造成了两者分析结果的差异。据此，我们认为元认知作为对个体当前认知活动的认知调节，具体由元认知知识、元认知体验和元认知技能构成。这三种成分协同发挥作用，使得个体得以对认知活动进行调节。

首先，元认知知识是指个体对于影响认知过程和认知结果的那些因素的认识。元认知知识的重要意义在于，它是元认知活动的必要支持系统，为调节活动的进行提供了一种经验背景。认知调节的本质就是对当前的认知活动进行合理的规划、组织和调整。在这个过程中，个体对自身认知资源特点的认识、对任务类型的了解以及关于某些策略的知识，对调节活动起着关键的作用，个体正是根据这些知识而对当前的认知活动进行组织的。如果不具

① Flavell J H. Cognitive monitoring. In Dickson W P. Children's oral communication skill. New York：Academic Press，1981.

② Flavell J H. Metacognition and cognitive monitoring：A new area of psychology inquiry. In Nelson T O. Metacognition：Core reading. Boston：Allyn and Bacon，1979：3-8.

③ Baker L，Brown A L. Metacognitive skills and reading. In Pearson P D. Handbook of reading research. New York：Longman，1984：353.

④ Brown A L. Metacognition executive control，self-regulation and even more mysterious mechanisms. In Spiro R J，Bruce B C，Brewer W F. Theoretical issue in reading comprehension：Perspectives from cognitive psychology，artifical intelligence，linguistics and education. Hillsdale，NJ：Erlbaum，1982.

备相关的元认知知识，调节就具有很大的盲目性。从这一角度来说，元认知知识是元认知活动得以进行的基础。

其次，元认知体验是指个体对认知活动的有关情况的觉察和了解。在认知活动的初期阶段，元认知体验主要是关于任务的难度、任务的熟悉程度，以及对完成任务的把握程度的体验；在认知活动的中期，主要有关于当前进展的体验、关于自己遇到的障碍或面临的困难的体验；在认知活动的后期，主要是关于目标是否达到、认知活动的效果、效率如何的体验，以及关于自己在问题解决过程中的收获的体验。元认知体验是元认知知识和认知调节之间、元认知知识和认知活动之间的重要中介因素。一方面，元认知体验可以激活相关的元认知知识，使长时记忆中的元认知知识与当前的调节活动产生联系。根据记忆的工作原理，长时记忆中的知识并不能直接对个体当前的认知活动产生影响，只有当它被激活而回到工作记忆，才能为个体所利用。个体对当前认知活动有关情况的元认知体验，会激活记忆库中有关的元认知知识，将它们从"沉睡"中"唤醒"，出现在个体的工作记忆之中，从而能够被个体用来为调节活动提供指导。另一方面，元认知体验可以为调节活动提供必需的信息，如果没有关于当前认知活动的体验，元认知活动与认知活动之间就处于脱节的状态，无法衔接起来。调节总是基于体验所提供的关于认知活动的信息而进行的，只有清楚地意识到当前认知活动中的种种变化，才能使调节过程有方向、有针对性地进行下去。可见，元认知体验是使认知调节得以进行的关键因素。

最后，元认知技能是指个体对认知活动进行调节的技能。个体对认知活动的调节正是通过运用相关的元认知技能而实现的。基本的元认知技能包括以下几个方面：一是计划，即个体对即将采取的认知行动进行策划。个体根据认知活动的特定目标，在一项认知活动之前计划各种活动，预计结果、选择策略，构想出各种解决问题的可能方法，并预估其有效性。二是监测，即个体对认知活动的进程及效果进行评估。在实际的认知活动进行过程中，个体及时评价、反馈认知活动进行的各种情况，发现认知活动中存在的不足，及时修正、调整认知策略，同时根据有效性标准评估各种认知行动、策略的效果，正确估计自己达到认知目标的程度和水平。三是调整，即根据监测所得来的信息，对认知活动采取适当的矫正性或补救性措施，包括纠正错误、排除障碍、调整思路等。当然，调整并不仅仅发生在认知活动的后期阶段，而是存在于认知活动的整个进程当中，个体可以根据实际情况随时对认知活动进行必要、适当的调整。值得一提的是，运用元认知技能的过程可能是有意识的，也可能是无意识的。在元认知技能形成的初期阶段，它的运用需要意识的指导；当这种技能得到高度发展时,它就会成为一种自动化的动作,不为意识所觉知。

综上,元认知知识、元认知体验和元认知技能三者协同发挥作用,使得个体得以对认知活动进行调节。元认知的研究在教育领域具有重要的现实意义,主要缘于元认知强调个体对自身认知活动过程的反省,元认知技能可以超越具体情境、适用于多种问题解决活动,与一些具体的学习策略、解题策略相比,它对学生的学习具有更高的指导价值,更能促进学习迁移的发生。

### 2. 问题解决策略研究的焦点问题

目前,关于问题解决策略的研究存在两大争议或焦点问题:一是策略究竟是领域一般性的,还是领域特殊性的;二是策略是否具有可推广性或可迁移性。

(1)策略的领域一般性和领域特殊性问题。

人在问题解决中会对自己的内部思维过程实行某种控制,很多研究者对此已经达成了共识,但仍存有争议的是:在解决问题过程中,究竟是有许多特定的认知策略参与,还是只有少量的一般认知策略参与。Greeno(1978)的平面几何问题解决实验,支持了问题解决中的策略是特殊任务策略的观点。[①] 但 Wickel-gren(1974)和 White 等(1982)的研究却发现了能够适用于许多问题解决的一般性策略。[②] 可以说,在一段时间内,在问题解决中究竟是使用了某些一般的认知策略,还是使用了某些特殊领域内的认知策略,这两种观点一直相持不下。

直到特殊问题解决领域内专家和新手问题解决比较研究的兴起和推进,人们才发现:新手由于缺乏各种特定的知识或技能,常常会使用一些一般策略来解决问题;而专家由于具有领域特殊知识或技能,常常会使用一些特殊策略来解决问题。至此,问题解决中的一般策略和特殊策略之争才稍稍得以平息。但是,对于特殊领域中的结构化知识怎样去促进问题解决还有待进一步开展研究。

(2)策略的可迁移性问题。

策略是否具有可推广性或可迁移性,也是问题解决策略研究的一大争议问题。因为在问题解决的过程中,如果掌握了某种认知策略,我们总是希望学习者能够向其他问题情境迁移,但现在还不能充分证明哪些问题解决策略可以发生迁移,以及能在多大程度上实现迁移。

值得一提的是,Larkin 等创建了一个计算机问题解决系统 FERMI,旨在阐

---

①　Greeno J G. Natures of problem-solving abilities. In Estes W K. Handbook of learning and cognitive processes,Vol. 5. Hillsdale, NJ:Erlbaum,1978:239-270.

②　Wickelgren W A. How to solve problems. San Francisco:Freeman Press,1974.

明自然科学中跨领域的一般策略的运行机制(Larkin et al,1986)。[①] FERMI 不完全是一个一般问题解决系统，它不仅包含与特定领域知识无关的一般性知识，还包括一些特殊领域的知识，能够用于解决自然科学下属几个领域中的问题。Larkin 等通过这一系统展示了一些策略，如分解和恒定策略，可以从流体静力学问题解决迁移至直流电路问题解决之中。也就是说，邻近领域的策略知识可以实现迁移。此外，Larkin(1989)还进一步指出，可迁移的策略知识还包括设定子目标的方法、任务管理知识和学习技能。[②] 这似乎说明，一些在一般性和特殊性之间取得某种平衡的问题解决策略更可能在不同的问题情境之间进行迁移。

## 二、问题解决的研究历程与路径

对人们解决问题的行为稍加观察便不难发现，对一个人构成问题的情境可能对另一个人并不构成问题，或者对同一个人在另一时间也不构成问题。比如，8×7 对于 5 岁的儿童可能是个问题，但对于 12 岁的儿童就不再是个问题。不过，年龄在这里也只是一个中介变量，关键在于先备知识，如果一些 5 岁的儿童已经学会了乘法口诀表，那么 8×7 对于他们而言也不构成问题。也就是说，如果一个问题已经给定了，那么问题解决者所具有的关于这一问题的背景知识就会影响其建构问题表征并提出问题解决方案。为此，有必要区分问题解决者的问题表征和问题解决者生成问题解决方案的认知过程(即找到从问题初始状态到达目标状态的路径)。

问题表征是问题解决者建构的一种模型，它代表了问题解决者对问题本质的理解。较为理想的情况是，问题解决者建构的问题表征包括目标信息、对象及其相互关系、可用于解决问题的运算，以及对于问题解决过程的限制条件等。对于一些问题，解答的关键在于找到最好的表征。比如，Posner(1973)的"火车与鸟"问题：两个火车站相距 50 英里。在一个星期六的下午两点钟，有两列火车同时从两个车站相对行驶。就在火车驶出车站的同时，一只鸟从第一列火车的车头飞向空中，并且以 100 英里／小时的速度向第二列火车的车头飞去。当这只鸟到达第二列火车车头时，它又折回来，向第一列火车飞去。这只鸟反复

---

① Larkin J H, Reif F, Carbonell J G, et al. FERMI: A flexible expert reasoner with multi-domain inferencing. Pittsburgh: Carnegie-Mellon University,1986.

② Larkin J H. What kind of knowledge transfers. In Resnick L B. Knowing, learning and instruction: Essays in honor of robert glaser. Hillsdale, NJ: Lawrence Erlbaum Associates,1989:283-305.

这样飞行,直到两列火车相遇为止。如果两列火车都以 25 英里／小时的速度行驶,那么在火车相遇之前这只鸟已经飞行了多少英里?[①]

　　如图 2.3 所示,如果表征关注的是鸟,那么该问题对大多数人而言都是难题,需要列出一组微分方程才能解决;相反,如图 2.4 所示,如果表征关注的是火车,那这一问题只是一个简单的"距离-速度-时间"问题,只需找出两列火车相遇所用的时间,即鸟飞行的总时间,而鸟的飞行速度已知,于是问题迎刃而解。而对于另外一些问题,解答的关键在于发现从问题的初始状态到达目标状态的最佳路径,比如河内塔问题,其初始状态、目标状态和所有可能的中间状态都是确定的,问题解决者只要找到连接初始状态和目标状态的那条最短路径即可。

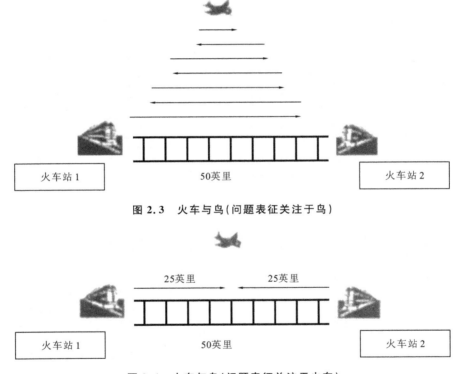

图 2.3　火车与鸟(问题表征关注于鸟)

图 2.4　火车与鸟(问题表征关注于火车)

　　问题解决研究者给人们提供了其记忆中没有预存解决方案的各类问题,并试图从人们的问题解决行为中寻找规律性。事实上,不管特定的问题类型如

① Posner M I. Cognition:An introduction. Glenview,IL:Scott,Foresman and Company,1973.

何，问题解决行为都涉及建构表征和生成解决方案之间的一种内在互动。然而，一些研究者对影响问题解决者表征问题方式的因素更感兴趣，而其他研究者则更热衷于寻找问题解决者应用算子从初始状态到达目标状态的方式的规律性。基于各自不同的兴趣点，有的研究者设计或选择了可能导致明显不同表征的问题(如火车与鸟问题、归纳结构问题)，有的研究者则设计或选择了需要在特定问题表征中重复选择和应用算子的问题(如河内塔与其他转换问题、排列问题)。这两种不同的研究取向已促成了许多有趣的发现。下面，我们首先对问题解决研究的基本历程进行简要回顾，再分别从生成问题解决方案、建构问题表征，以及建构问题表征与生成解决方案之间的相互作用这三条路径出发介绍当前问题解决研究的一般发现。

## (一)问题解决研究的基本历程

最早用实验方法[①]研究问题解决的当属 E L Thorndike(1898)，他做过饿猫逃出迷笼实验。实验场景中，把一只饥饿的猫关入笼中，笼外放置一条鱼。笼内设有一种打开门闩的装置，例如，绳子的一端连着门闩，另一端装有一块踏板。猫只要按下踏板，门就会开启。猫第一次被放入迷笼时，拼命挣扎，或咬或抓，试图逃出迷笼。终于，它偶然碰到踏板，逃出笼外，吃到了鱼。再次把猫放回迷笼，进行下一轮尝试。猫仍然会经过乱抓乱咬的过程，不过所需时间会少一些。经过如此多次连续尝试，猫逃出迷笼所需的时间越来越少，无效动作逐渐被排除，以致到了最后，猫一进入迷笼，就去按动踏板，跑出迷笼，获得食物。根据此类实验，桑代克提出了问题解决的"试误说"，认为问题解决是不断尝试一错误，最后获得成功(trial-and-success)的渐进过程。

但真正对问题解决进行大量、系统实验研究的是格式塔心理学家，如Kohler(1927)、Duncker(1945)和 Wertheimer(1959)。其中，最为著名的是Kohler 的黑猩猩接棒实验。实验场景中，香蕉置于远处，地上有两根短棒，黑猩猩拿起任何一根短棒都够不到远处的香蕉。当几次尝试失败以后，黑猩猩就开始"生闷气"，蹲在地上好像在思考。忽然，它似乎领悟到，两根短棒可以连接起来。最后，它用两根连接起来的短棒够到了香蕉。在格式塔学派看来，问题是知觉完形上存在的缺口，问题解决就是填补完形缺口的顿悟过程。进一步而

---

① 在桑代克之前，一些心理学家主要利用"轶事法"和"拟人法"进行动物心理研究，前者是在日常情境中零星记录动物的趣闻轶事和行为，而后者是用人的心理过程解释动物心理。动物心理学家摩根对拟人法提出了批评，他主张如果可以用低级心理过程解释动物行为，就不要用高级心理过程来解释，即所谓的"客蔷律"。直到桑代克，才开始在控制的情境中实施动物实验研究。

言,通过把知觉的组织原理扩展到问题解决领域,格式塔心理学家强调了问题表征的重要性,人们对问题的表征方式决定了问题的难度,对问题情境中各要素关系的重构是解决问题的关键。由此,格式塔学派把问题表征的建构与解决方案的生成过程区分开来了。

随着格式塔传统的日渐式微,人类问题解决的心理学研究也逐渐淡入后台,问题解决只是零星地被研究,直到1972年Newell和Simon的《人类问题解决》一书的出版才又重新引发了这一主题的研究风潮。与格式塔心理学的"顿悟说"不同的是,Newell和Simon强调连接初始状态与目标状态的解决路径的逐步搜索。他们的研究目标是确定人们用来解决多种问题的"一般-目的"策略。Newell和Simon等深受认知心理学信息加工取向的影响,也是早期人工智能方面工作的先行者。这些影响和研究兴趣促使他们构建了一般问题解决者(general problem solver,GPS),一个模拟人类问题解决的计算机程序。

20世纪六七十年代中期,知识作为问题解决技能的一个本质要素开始受到关注。De Groot(1966)进行了国际象棋专家-新手问题解决的比较研究,主要考察专家与新手在知识上的差异及其对问题解决的影响。[1] 他发现,象棋大师与缺乏经验的新手在选择每一步时搜索的深度和广度并没有多少区别,但在迅速观看一个真实的棋局后复现棋局的能力有很大差别。这是因为专家是根据实战棋局的特点复现棋位,而新手仅孤立回忆个别棋位。Chase和Simon(1973)重复了这个实验,发现大师与新手回忆棋局的水平不同,大师的记忆组块远大于新手,但是当回忆随机摆放的棋局时,二者的差异就消失了。[2] 虽然,这些研究早就预示了知识经验在问题解决中的作用,但是人们还没有普遍意识到知识经验的重要性,仍然沉浸在Newell和Simon等进行的大量的有关不需要专门领域知识的问题解决研究中。

20世纪70年代后期,背景知识(background knowledge)成为认知心理学的一个重要研究主题,尤其在文本理解领域(Anderson et al,1977)。在问题解决领域,研究者认识到GPS的一个基本弱点是它缺乏领域知识。"一般-目的"策略必须补充领域特殊知识,才能解决相应类型的问题。此外,知识丰富学业领域的专长研究,比如数学、物理和政治,解释了领域知识对于理解问题解决的重要性。例如,Chi等(1981)研究了已经获得物理学博士学位的专家与刚修完

---

[1] Sweller J. Cognitive technology: Some procedures for facilitating learning and problems solving in mathematical science. Journal of Educational Psychology, 1989, 81(4): 457-466.

[2] Chase W G, Simon H A. Perception in chess. Cognitive Psychology, 1973, 4(1): 33-81.

一学期普通物理学课程的新手在知识结构上的差异。研究发现，专家主要根据解决物理问题所使用的原理，如牛顿第二定律等来对问题进行分类，而新手则更多地根据问题陈述中包含的具体事物（如斜面与木块）进行分类。① 这些研究都表明了知识基础或内部图式在问题记忆和表征中的重要作用。

也许问题解决研究的两大传统（强调表征和强调解决方案的生成过程），最终会不可避免地走到一起。事实上，意识到背景知识在问题解决中的关键作用推动了两种传统的融合。特别是，背景知识的差异促使人们开始关注问题表征与解决方案之间的内在联系，因建构了不同表征的问题解决者通常会以不同的方式生成解决方案（如前述"火车与鸟"问题）。综上，我们似乎可以捕捉到问题解决领域研究的演化轨迹：从研究跨领域的表征和解决方案的一般原理到强调领域特殊知识的重要性，从问题表征和解决方案生成的相互隔绝到关注它们之间的交互作用。

## （二）问题解决研究的三条路径

### 1.路径一：生成问题解决方案

（1）算法式解决策略与启发式解决策略。

生成问题解决方案涉及的主要认知过程是计划/监控和执行，对应的知识类型分别是策略和程序（表 2.1）。关注问题解决方案生成的研究者已经对策略作了一种基本的区分，即算法式（algorithm）策略和启发式（heuristic）策略。这些策略都有助于生成问题解决方案。

算法是一种系统化的递归操作程序，保证能产生正确的问题解决方案。一般而言，算法会一直递归（即一次一次地重复）下去，直到它符合程序设定的条件（如"重复这几个步骤，直到目标状态实现"或者"重复这几个步骤，直到它们不再能够减少目标状态与当前状态之间的差距"）。较为典型的一种算法是数学公式。比如，用矩形的底乘以它的高能得到矩形的面积；同样，一元二次方程的求根公式一定能求出一个给定一元二次方程的根。此外，还有另一类算法叫作"完全搜索（exhaustive search）"，涉及校验每一个可能的走步，将可能达到目标的所有算子都找出来，并试遍所有算子。比如，通过完全考虑每一可能的移动，人们可以解决河内塔问题：对于 $n$ 圆盘河内塔问题，可能的状态数为 $3^n$ 个，从初始状态到达目标状态所需的最短步数是 $2^n - 1$。因此常见的 3 圆环河内塔

---

① Chi M T H, Feltovich P J, Glaser R. Categorization and representation of physics problems by experts and novices. Cognitive Science, 1981, 5(2): 121-152.

问题,可能的状态数为 27 个,最短走步是 7 步。可以说,此时完全搜索还是可能的。然而,当 $n=5$ 时,状态数达到了 243 个,完全搜索就很难了。同样,对于一个 4 个字母重排成单词问题(比如,idrb),我们能够通过系统评估给定字母的可能排列($P_4^1 P_3^1 P_2^1 P_1^1 = 24$)予以解决(答案是 bird)。但当面对一个 6 个字母重排成单词问题时,可能的字母排列达到了 720 种,完全搜索的难度大大增加。

对于另外一些任务情境,比如国际象棋和围棋,其可能的问题状态不计其数,对走步的完全搜索是不可能的。因为人不像计算机,人脑不能高速地计算出各种可能的组合,工作记忆的局限限定了人类难以一次性考虑太多可能的操作。为此,当可能的状态数目较为巨大时,我们需要剪除一些可能的走步,这种减除有助于问题解决者将更多的工作记忆资源用于加工信息而不是保存这些可能的问题状态。而启发式正是完成这一目标的问题解决策略。

启发式是一种凭借经验的方法,即非正规的、直觉的、猜测性的策略,它不能确保问题一定得以解决,但极有可能导致成功。比如,对于解决字母重排成单词问题,尤其是含有 5 个或更多字母的问题(比如,dsyha),一个好的启发式是考虑给定长度的单词通常以哪些字母对打头。这一启发式是有用的,因为多数单词以共同的字母对打头。将这一启发式应用到上述例子中可以快速得出答案:shady。考虑共同的起始字母对是一个启发式而不是一个算法,因为它有时可能会导致问题解决失败。比如,将"uspyr"这 5 个字母重排成单词的问题,就很难用启发式策略予以解决,答案是 syrup,它是英语中唯一一个以 sy 打头的 5 个字母的单词(Novick,Sherman,2004)。[1]

许多类似字谜的研究,均证实了启发式在生成问题解决方案中的作用。比如,河内塔问题,它需要极少的特殊领域知识,从而使问题解决者把注意力集中在生成解决方案的过程上。Newell 和 Simon(1972)是启发式问题解决策略研究领域的先驱。[2] 在他们看来,问题解决是在特定的表征类型之内进行的启发式搜索过程。当问题解决者面对一个不能立即看出答案的问题时,有效的问题解决者会利用爬山法(hill climbing)和手段-目的分析(means-ends analysis),这两种启发式均力图让问题解决者不断地将当前状态和目标状态进行比较,然后采取措施尽可能地缩小这两个状态之间的差异。爬山法这个术语可以通过如下的类比来理解。

---

[1] Novick L R,Sherman S J. Type-based bigram frequencies for five-letter words. Behavior Research Method,Instruments,and Computers,2004,36(3):397-401.

[2] Newell A,Simon H A. Human problem solving. Englewood Cliffs,NJ:Prentice Hall,1972.

　　假定你被蒙上了眼睛，置身于一个陌生的地方，然后被要求在不取掉眼罩的前提下找到这个地方的制高点。你将怎么做？一个很好的方法是移动你的脚，感受地形在各个方向上的角度，并沿着最陡峭的斜坡往上走。当你到达一个任何方向都没有向上的斜坡而只有向下的斜坡的地点时，你就会停下来。根据你的判断，这就是你所要去的制高点（这一方法常常有效）。然而有时候，当你摘掉眼罩的时候，你可能发现自己处于一座小山顶上，而更高的山顶（制高点）却在别处。也就是说，你可能只是到了一个局部最高点上。

　　如图 2.5 和图 2.6 所示，使用爬山法解决问题时，个体常常能够成功解决问题但偶尔会出错，这也正是启发式策略的主要特点。

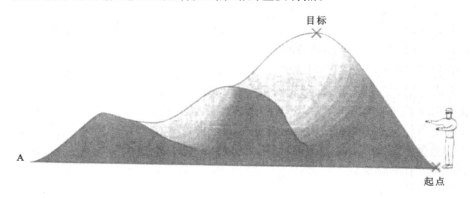

**图 2.5　爬山法示意图之一**

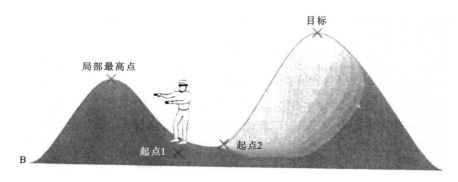

**图 2.6　爬山法示意图之二**

　　而手段-目的分析与爬山法的不同之处在于，问题解决者可以把一个问题分解为若干个子问题，进而减少当前状态和目标状态的差距。比如，要写一篇

2000 字的论文,题目已经拟好,这时撰写者并不是一挥而就,而是可能形成若干个子目标,如导言怎么写、正文怎么布局、论点有几个、论据有几条、结尾怎么收等,然而随着子目标逐项达成,论文撰写也最终完成。

除此之外,启发式还包括向前推理、向后推理和假设检验等。向前推理是指问题解决者从起点开始,并沿着从起点到终点的方向解决问题。向后推理是指问题解决者从终点开始,并试图从终点开始逆向推理工作。假设检验是指问题解决者简单地构造几条可选的行动路线,不必非常系统化,然后再依次分析每条路线是否可行。

(2)问题解决即贯穿问题空间的搜索。

"问题空间(problem space)①"是 Newell 和 Simon(1972)设计用来指代问题解决者对呈现的任务的表征的术语。简要地说,一个问题空间包括一组知识状态(初始状态、目标状态,以及各种可能的中间状态),一组允许从一个知识状态运动到另一个知识状态的算子,以及关于一个人在问题空间中采取的路径的局部信息(比如,当前的知识状态以及个体是怎样到达那里的)。在 Newell 和 Simon 看来,问题解决可以被概念化为贯穿问题空间的、对连接初始知识状态和目标状态的路径的搜索,而他们主要的研究焦点在于问题解决者在寻找这一路径过程中使用的策略。典型的河内塔问题的状态空间如图 2.7 所示。

Newell 和 Simon(1972)致力于发现跨问题解决者的、跨问题的一般问题解决策略。他们所做的重要贡献在于运用口语报告法来研究人的问题解决过程。事实上,Duncker(1945)是搜集出声思维记录的早期提倡者,并且非常成功地应用这一方法研究了问题解决。但是随着行为主义上升到统治地位和格式塔取向的衰落,这一方法受到冷遇。Newell 和 Simon 则把口语记录搜集提高到更科学、更严密的程度,使这一方法在较广泛的领域赢得了一定的接受度。另外,Newell 和 Simon 也是早期使用计算机仿真作为检验心理过程理论的工具的先驱。这两类方法联系紧密,毕竟如果能把从人类被试那里搜集到的口语记录编制成计算机程序,而运行这种计算机程序之后,发现计算机也能像人一样解决问题,就恰恰说明了口语报告法的有效性。当前,这两类研究方法均已成为研究问题解决等认知过程的常规手段。

---

① "问题空间"这一术语和"状态空间(state space)"基本可以通用,其含义仅有微小差别,后者主要指一个问题的初试状态、目标状态,以及所有可能的中间状态。

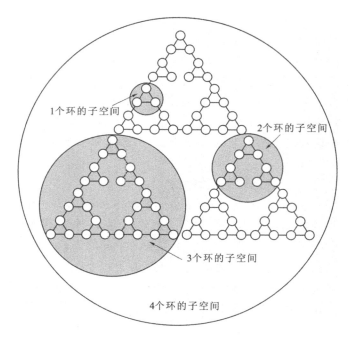

图 2.7　1~4 个圆环河内塔问题的状态空间

　　Newell 和 Simon 旨在揭示一般问题解决策略的研究取向，致使其高度重视诸如河内塔、小矮人与魔鬼过河这类知识贫乏的问题，因为从实验设计控制无关变量的角度而言，这些问题相对没有被领域知识所"污染"，而领域知识在个体之间必定是不同的。这一做法很像 Ebbinghaus 以无意义音节序列作为材料来研究记忆与遗忘的一般规律的策略。应用这一策略，Newell 和 Simon 及其同事对问题解决领域做出了重要贡献。他们发现，手段-目的分析等一般化的启发式策略是很有弹性的，具有广泛的适用性，人们经常使用它们成功解决许多问题。

　　然而，问题解决即贯穿问题空间的搜索的观点，并没有提供一个人们是如何解决问题的完整解释。尽管当遇到新颖的问题时，人们依赖一般-目的搜索启发式，因为这些启发式是弱的（即弱方法，weak method）、容易犯错的，他们一旦获得有关特定问题空间的一些知识，就会中断这些启发式。并且就在那一时刻，他们会切换到更专门的策略上。一般而言，不论何时问题解决者拥有了一些相关背景知识，他们都倾向于使用更强的领域特殊方法（即强方法，strong method），尽管这些方法的适用范围比较狭窄。领域知识对策略使用的影响使问题解决研究者把注意力从知识贫乏的难题和谜题的解决上转移到与问题解决者背景知识相联系的问题上来。这一转换与记忆和理解研究者的转变类似，他们为了了解先前知识在记忆和理解中的作用，从研究无意义音节转变到研究富有意义的词、段落、篇章。正如我们在前面指出的，背景知识对问题解决者建构问题表征起重要作用，这种表征反过来又会影响问题解决者生成解决方案的过程。

### 2.路径二：建构问题表征

前面还提到过，格式塔心理学家关注影响人们怎样界定、理解或表征问题的因素。不同于 Newell 和 Simon(1972)关注问题解决即贯穿问题空间的搜索，Greeno(1977)突出了表征的重要性。而最近在特殊知识领域（比如，数学、物理、医学诊断）研究问题解决的研究者也强调了表征在成功的问题解决中的重要作用。他们的研究表明问题情境的各个方面，与人们的背景知识一样，影响人们怎样表征问题，反过来也影响人们怎样生成问题解决方案。

非正式地说，问题表征是由问题解决者所建构的问题模型，以便于概述他们对问题实质的理解。更为专业地说，问题表征包含四种成分(Markman，1999)：被表征的世界；表征世界；一系列规则，可以把被表征世界的元素匹配到表征世界的元素上；在表征世界里使用信息的过程。[①] 最后一个成分突出了表征和问题解决方案之间的联系：如果没有基于某种目的在表征中使用信息的某个过程，那么所谓的表征就没有象征意义，也就是说它不能履行表征功能。问题解决者用来支持和指导问题解决的表征可以是内在的（存储于工作记忆中），也可以是外在的（比如，画在纸上）。并且，表征的形式是多种多样的，有的是口头表征、命题表征或陈述性表征，有的是图表或图解，如绘制滑轮系统、矩形或网络，以及条形图或线形图等，有的是可获取的心理模型，如：心理算盘(Stigler，1984)、互锁齿轮系统(Schwartz，Black，1996)[②③]。

前面重点探讨了问题解决者怎样生成问题解决方案，而把问题表征对问题解决的影响搁置一旁。这里，我们仅把问题解决方案看作一种因变量（即准确性或解决时间），重点阐述不同的问题表征对问题解决方案的影响。而影响问题解决者表征问题的两大因素是问题情境和问题解决者的背景知识。下面将从这两大因素出发，探讨个体对问题的表征怎样影响其生成问题解决方案。

---

① Markman A B. Knowledge representation. Mahwah. NJ：Erlbaum，1999.

② Stigler J W. "Mental abacus"：The effect of abacus training on Chinese children's mental calculation. Cognitive Psychology，1984，16(2)：145-176.

③ Schwartz D L，Black J B. Shuttling between depictive models and abstract rules：Induction and fallback. Cognitive Science，1996，20(4)：457-497.

(1)问题情境的重要性。

目前已有很多研究表明,不同的问题情境对问题解决者建构问题表征具有重大影响。接下来将说明三种不同的问题情境对问题表征的影响。

一是问题的知觉形式。以图表等视觉形式呈现的问题,常常能提供关于布局的信息,问题解决者相信这一布局是与解决方案有关的,并且把它包含在他们的问题表征中。这种影响在 Maier(1930)的"九点问题"解决中表现得淋漓尽致:9 个圆点以 3×3 的矩阵排列,要求以四条直线一笔连接九个圆点。[①]

如图 2.8 所示,由于人们的知觉停留在自己假想的由 9 个点构成的正方形的边界上,所以这一问题迟迟不能得到解决。九点问题是一个经典的顿悟问题,从中可以得出:问题解决者要超越那些隐藏在问题的知觉形式中的限制,才能有效地解决问题,如图 2.9 所示。

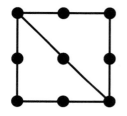 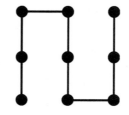 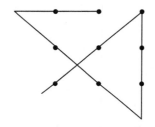

图 2.8　九点问题的错误解答　　　　图 2.9　九点问题的正确解答

二是基于问题情境中出现的对象的推论。问题解决者除了可以从给定图形的知觉形式作出推论,还可以从问题中出现的特定实体中得出推论,而这些推论可能会影响问题表征的建构。这类现象也常被称为"功能固着(functional fixedness)",Duncker(1945)所介绍的"蜡烛台问题"就是功能固着现象的一个经典实例。[②]

蜡烛台问题主要考察了物体的功能固着对问题解决的影响。如图 2.10 和图 2.11 所示,可供使用的材料有三个盒子、三根蜡烛、一把火柴和若干图钉,但三种材料摆放的位置不一样。在图 2.10 中,蜡烛、火柴和图钉放在盒子外面,盒子没有被使用,所以这种问题条件称为"无预利用"条件;在图 2.11 中,蜡烛、火柴和图钉分别放入三个盒子里,盒子被装满了物品,使用前需将其倒空,这种问题条件称为"预利用后"条件。而最终需要完成的任务是把蜡烛固定在墙上

---

①　Maier N. Reasoning in humans I on direction. Journal of Comparative Psychology,1930,10(2):115-143.

②　Duncker K. On problem-solving. New York:Greenwood Press,1971.

而使蜡油不滴到地板上，如图 2.12 所示。实验结果表明，相比"预利用后"条件，"无预利用"条件下的被试更容易完成任务。原因可能在于，"预利用后"条件突出了盒子作为容器的功能，而这导致被试无法看到盒子其他的潜在用途；"无预利用"条件弱化了盒子只能作为容器的功能概念，有助于被试突破思维定式，将盒子当作蜡烛台使用。Duncker(1945)认为，"无预利用"条件的设置使得关键物体——盒子的功能在某种程度上被人为地隔离开了，有利于被试放弃物体的一般使用功能而利用其特殊功能来解决问题。

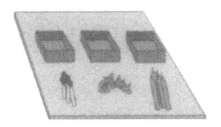

图 2.10　蜡烛台问题："无预利用"条件

图 2.11　蜡烛台问题："预利用后"条件

换言之，如果一个对象被用于一个目的，或习惯地被用于某一确定的目的，就会很难发现它拥有的能被用于不同目的的属性。因此，在问题解决的推论过程中，要尽可能地克服功能固着的束缚，避免"一叶障目，不见泰山"。

三是问题的表述和措辞[①]。一般而言，故事内容或问题文本的措辞可能会影响问题解决者对问题的表征，这典型地体现在同构问题上。所谓同构问题，即两个问题在不同的情境或表述背后拥

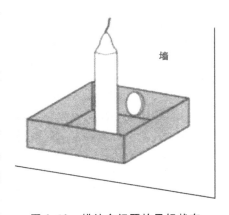

图 2.12　蜡烛台问题的目标状态

有相同的基本结构或状态空间（初始状态、目标状态和所有可能的中间状态数目相等）。下面以 Hayes 和 Simon(1977)提出的河内塔问题的两个同构问题——妖怪和球问题为例，说明问题文本对问题解决的影响。[②]

---

**妖怪和球的问题之移动同构问题：**

3 个 5 只手的外星球妖怪持有 3 个水晶球。妖怪和水晶球都是确切的三个尺寸，不允许有其他的尺寸：小的、中等大小的和大的。中等大小的妖怪持有小的水晶球，最小的妖怪持有最大的水晶球，最大的妖怪持有中等大小的水晶球。因为，这种情形违反了他们的对称性的发展，他们决定将水晶球从一个妖怪传给另一个妖怪，这样，每个妖怪将有一个与其自身大小成比例的球。妖怪的礼节使这个问题的解决复杂化了，因为它要求：① 一次只能传一个球；② 如果一个妖怪持有两个球，只能传递较大的那个球；③ 球不能传给持有较大球的妖怪。妖怪们按照什么顺序传递水晶球才能解决这个问题呢？

**妖怪和球的问题之变化同构问题：**

3 个 5 只手的外星球妖怪持有 3 个水晶球。妖怪和水晶球都是确切的三个尺寸，不允许有其他的尺寸：小的、中等大小的和大的。中等大小的妖怪持有小的水晶球，最小的妖怪持有最大的水晶球，最大的妖怪持有中等大小的水晶球。因为，这种情形违反了他们的对称性的发展，他们决定收缩或扩大水晶球，这样每个妖怪将有一个与其自身大小成比例的球。妖怪的礼节使这个问题的解决复杂化了，因为它要求：① 一次只能改变一个球；② 如果两个球相同大小，只有较大妖怪持有的那个球可以被改变；③ 持有较大球的妖怪不能改变球。妖怪们按照什么顺序传递水晶球才能解决这个问题呢？

在移动同构问题中，水晶球从一个妖怪传递到另一个妖怪，同河内塔问题中的圆环从一个木桩转移到另一个木桩上是相似的，并且有相同的限制条件——一次只能移动一个圆环（传递一个球）；如果一个木桩上（妖怪手中）不止有一个圆环（水晶球），只能转移较小的那个圆环到另一木桩（传递较大的那个球给另一妖怪）；大的圆环不能放置在已有较小圆环的木桩上（小球不能传给持有较大球的妖怪）。可以说，移动同构问题中问题表征的转换较为明显，水晶球是圆环的等同物，妖怪是木桩的等同物。而变化同构问题则更为错综复杂，它涉及更改球的大小，一个特别的妖怪更改水晶球的大小相当于一个特定的圆环转移到一个木桩上。Hayes 和 Simon 的研究印证了这一点，问题文本影响了被试对问题的理解和标准，移动同构问题更难以解决。这启发我们，问题应尽可能地以问题解决者易于理解的方式表述，或者反过来讲，基于这种同构问题的变式训练，能够很好地促进学习者对知识的理解和迁移。

(2)问题解决者背景知识的重要性。

问题解决者对各种问题因素反应的程度依赖于他们先前的经验和背景知识。在此,我们将着重讨论与问题解决者理解问题有关的三类背景知识。

一是关于结构相似或类似问题的先前经验。大量的研究检视了人们对问题样例的运用,以便帮助他们理解和解决当前的问题。但当且仅当两个问题具有相似的深层结构时,一个解决问题的样例才能有助于新问题的解决。这是因为问题的结构决定了合适的问题解决方案。对类比问题解决(analogical problem solving)的研究也表明,有关类比问题的先前经验可以促进问题解决者对新问题的理解或表征。然而,如果人们过于关注问题样例和新问题间的与解决方案无关的一些差异(表面特征的差异),那么他们就无法从记忆中提取一个类似的问题,或无法应用一个类似的问题解决方案。

二是记忆中的一般图式。问题解决者在记忆中存有对不同问题、解决方案和表征类型的抽象图式。图式的抽象性是指这些图式包括某种特定复合问题所共有的信息,但不包括个别问题所特有的信息。许多研究已表明,通过比较两种或更多的类似问题及其解决方案或通过类比来成功解决某一问题,都可以归纳出针对解决方案程序的图式,而且对图式的归纳反过来还可以促进随后类似问题的理解和解决(如:Bassok,Holyoak,1989;Gick,Holyoak,1983;Novick,Holyoak,1991;Ross,Kennedy,1990)。Novick 等(1999)和 Holyoak(1985)还指出,对于理解新问题,抽象图式比相关特殊样例更为有用,因为抽象图式不包含特殊故事内容。[1][2]

三是专长。Duncker(1945)可能是注意到领域专家与新手差异的首位心理学家,他指出专家和新手建构问题表征的差异:专家的表征倾向于突出与问题解决方案相关的结构特征(尤其是问题中对象间富有意义的因果联系),而新手的表征倾向于突出与问题解决方案无关的表面特征。进一步而言,专家和新手在问题表征上的差异主要表现在关注侧重点的不同,以及由此而来的表征水平的不同。当专长或知识增加时,新手所关注的焦点会逐渐发生变化,他和专家的差距就会逐渐缩小,不会像最初那样明显(如:Deakin,Allard,1991;Hardiman,Dufresne, Mestre,1989;McKeithen et al,1981;Myles-worsley et al,1988;Schoenfeld,Herrmann,1982;Silver,1981)。

---

[1]　Novick L R,Hurley S M,Francis M. Evidence for abstract,schematic knowledge of three spatial diagram representation. Memory,Cognition,1999,27(2):288-308.

[2]　Holyoak K J. The pragmatics of analogical transfer. In Bower G H. The psychology of learning and motivation,Vol. 19. New York:Academic Press,1985:59-87.

### 3.路径三：建构问题表征与生成问题解决方案之间的相互作用

虽然在之前我们单独探讨了问题表征和问题解决方案的生成，但事实上这两者有着内在相关性。对问题解决者来说，建立问题表征和生成解决方案是相互作用的，个体建构的表征影响其着手生成一个问题解决方案，尤其是在数学问题解决和顿悟问题解决中。

（1）数学问题解决。

领域知识。Wertheimer（1959）发现，结构性理解有助于问题解决者了解不同问题间的重要相似性，而专家比新手更能理解自己专长领域内问题的结构。[1] 这看起来可以合理地预示出，在问题表征上与专长相关的差异将影响专家和新手试图用来解决问题的方法。可见，问题表征方面的专长水平不同，则生成的问题解决方案也会有所不同。

有关问题子目标的学习。子目标可以被看作交给学习者的任务结构的成分。子目标可以把一个问题分解为多个有意义的部分，确定合适的子目标意味着个体对问题的结构有较好的理解和表征。Catrambone（1996，1998）研究了影响子目标学习的教学操纵对问题解决的影响。[2][3] 他发现，操纵问题解决者学习重要子目标的机会，可以影响他们解决一些概率问题的能力，也可以影响他们调整习得的程序去解决变式问题的能力。这说明，问题子目标的学习有助于更好地表征问题，形成合适的问题解决方案。

（2）顿悟问题解决。

Kershaw 和 Ohlsson（2004）认为，顿悟问题是很难的，因为解决方案所需的关键行为可能会受到知觉因素、背景知识和过程因素（如：找到解决方案所需的心理前瞻的数量）的阻碍。[4] 与非顿悟问题解决方案一样，对顿悟问题解决的完整理解也需要关注表征和问题解决方案的生成过程。下面，将从以下两个问题出发来探讨这二者之间的相互作用。

---

[1] Wertheimer M. Productive thinking. Chicago：The University of Chicago Press，1959.

[2] Catrambone R. Generalizing solution procedures learned from example. Journal of Experimental Psychology：Learning，Memory，and Cognition，1996，22（22）：1020-1031.

[3] Catrambone R. The subgoal learning model：Creating better examples so that students can solve novel problems. Journal of Experimental Psychology：General，1998，127（4）：355-376.

[4] Kershaw T C，Ohlsson S. Multiple causes of difficulty in insight：The case of the nine-dot problem. Journal of Experimental Psychology：Learning，Memory，and Cognition，2004，30（1）：3-13.

问题一：顿悟是突然出现的吗？

在格式塔心理学看来，顿悟问题解决可以被刻画为：在最初的解题过程中，没有提出问题解决方案，而后突然间问题表征被重构为一个更为适宜的形式，由此问题立即得到解决。据此观点，解决顿悟问题主要是一个表征的问题，与生成解决方案的渐进过程没有多大关系。虽然不少研究者都认同格式塔心理学"获得合适的表征是关键"的观点，但这一观点并没有为顿悟问题解决的本质提供完整的解释，因为问题解决方案的提出具有累积性和渐进性，并不是突然出现的。

首先来看一个经典的顿悟问题，试着解释以下情境（Durso，Rea，Dayton，1994）[①]：一个人走进酒吧要了一杯水，酒吧服务员却掏出一把枪瞄准了他。这个人说了声"谢谢"，然后离开了酒吧。这类问题的解决方案典型地是伴随着一声"啊哈"突然从心底跳出来的。（酒吧间难题的解答是这个人在打嗝，服务员掏出枪恐吓他，治好了他。）前面提到过的字母重排成单词的问题，也是会"突然跳出"解决方案的问题，尤其在高度熟练的字母重排成单词的解决者中表现更为明显。这类问题给人们一种顿悟的印象，但实际上这类问题解决方案的生成都不是突然出现的，主要是因为问题解决者很难意识到自己朝着目标搜索解决方案的累积进展情况。

其实，Weisberg 和 Alba（1981）关于九点问题的研究也证明了这一点。在九点问题中，个体必须尝试多种解决方案，直至认识到连线可以超出自己假想的由 9 个点所限定的正方形边界，才能重构问题表征，提出一个有助于找到问题解决方案的问题空间。[②] 也就是说，即使是顿悟问题，也是在逐渐积累相关局部信息的过程中提出问题解决方案的。这与非顿悟问题的解决过程，如化简代数方程求解 $x$ 等，是相似的。但需要注意的是，顿悟问题与非顿悟问题的解决方案生成过程是不一样的。在非顿悟问题中，解决者能够清楚地意识到部分信息的累积；而在顿悟问题中，信息的累积是发生在解决者的意识之外的。

问题二：如何解释问题解决中的僵局及其突破？

正如 Knoblich 等（1999）所探讨过的，顿悟问题解决理论需要说明有关表征和生成问题解决方案这两个现象：一是为何解决者本来就已具备生成解决方案的知识，却还会在解决问题之初陷入僵局；二是问题解决者是如何突破僵局

① Durso F T，Rea C B，Dayton T. Graph-theoretic confirmation of restructuring during insight. Psychological Science，1994，5(2)：94-98.

② Weisberg R W，Alba J W. An examination of the alleged role of "fixation" in the solution of several "insight" problems. Journal of Experimental Psychology：General，1981，110(2)：169-192.

的。两种新理论：MacGregor 等的进展监控理论（Progress monitoring theory）及 Knoblich 等的表征转换理论（Representational change theory），正试图解释这些现象。

根据进展监控理论，问题解决者可以在尝试解决顿悟和非顿悟问题的过程中使用爬山法。该理论假定，问题解决者会沿着一个解决方案监控自己的进展，通常这个解决方案利用了从问题当前状态中生成的一个标准。如果问题解决者无法坚持这个标准，那么他就会放宽一个或多个问题限制，以便寻求另外的问题解决方案。

根据表征转换理论，顿悟问题解决过程中问题解决者首先会建构一个初始表征，而在这个初始表征中，问题解决者通常会把一些不合适的限制置于他们解决问题的尝试之中。只有通过修改表征，才能解开僵局。实际上，对问题进行表征，可以借助限制解除（constraint relaxation）或组块分解（chunk decomposition）这两种机制中的任意一种来实现。限制解除是指解除一些限制了正在思考中的算子的知识元素，使本来无法应用的算子可以应用。组块分解是指打破一些连接了问题中某一意义单元的各种成分的限制。

Jones（2003）试图运用被试在解决停车场问题时的凝视数据来区分进展监控理论和表征改变理论。[①] Jones 的实验结果支持来自两种理论的预测，其中表征改变理论可以更好地预测行为表现。Jones 还指出两种理论可以整合起来，因为两者的侧重点不同：Knoblich 等（1999）的表征转换理论更多地关注问题解决的表征方面，MacGregor 等（2001）的进展监控理论则更多地关注逐步的问题解决过程。[②] 此外，Jones 还指出，进展监控理论阐明了陷入僵局前的问题解决过程并寻求表征改变，而表征改变理论则在问题陷入僵局时介入，进而解释怎样实现顿悟。

至此，我们探讨了问题解决过程中的两种成分——建构问题表征和生成问题解决方案。虽然当前的问题解决研究可以专门研究问题表征，也可以专门研究问题解决方案的生成，但要更好地理解问题解决必须实现两种研究取向的整合。因为个体建构的问题表征决定了（或至少限制了）其怎样着手生成问题解决方案。建构问题表征与生成问题解决方案的互动及整合，将会是未来问题解决研究最具前景的方向。

---

① Jones G. Testing two cognitive theories of insight. Journal of Experimental Psychology：Learning，Memory，and Cognition，2003，29（5）：1017-1027.

② MacGregor J N，Ormerod T C，Chronicle E P. Information processing and insight：A process model of performances on the nine-dot and related problems. Journal of Experimental Psychology：Learning，Memory，and Cognition，2001，27（1）：176-201.

# 三、问题解决的研究方法

问题解决作为认知心理学的重要研究内容,一直备受关注。心理学家从各自的理论框架和研究范式出发力图探讨问题解决的心理机制,在方法论层面也积累了大量的资料。目前,在问题解决领域,比较常用的研究方法有口语报告法、计算机仿真法和行为学实验法,但随着近年来神经影像学技术的发展,认知神经科学开始兴起,一些神经生理学研究方法和技术,如眼动追踪(Eye-tracking)、事件相关电位(ERPs)、功能磁共振成像(fMRI)、正电子发射层析摄影术(PET)、脑磁图(MEG)等也开始应用于问题解决的研究之中。

## (一)口语报告法

口语报告法通常是指研究者在实验时要求被试口头报告头脑中的思维内容,或在实验后要求被试追述其思维过程,以揭示个体内部认知过程的一种研究方法。它源于心理学中的内省法,最早被德国心理学家 Duncker 用于研究人类问题解决过程。20 世纪 50 年代以后,口语报告法日益受到重视,因为它所具有的天然优势(揭示思维内容)恰好顺应了信息加工范式的认知心理学研究个体内部认知过程的需求。时至今日,口语报告法已经发展成为心理学、教育学,以及认知科学领域中一种相当重要的研究方法。当前很多研究主题,比如阅读理解、学习迁移、数理化问题解决、学习策略、外语翻译、决策,以及广告设计等,都已开始采用口语报告法。[①] 甚至对运动思维的研究,也引入了口语报告法。[②]然而,有关口语报告法的争议也颇多,尤其表现在其效度问题的争论上。口语报告法是否测量了它想要测量的东西? 在此拟从口语报告的准确性、完整性和反应性三个方面加以探讨。[③]

### 1.口语报告的准确性

口语报告是否准确地反映了我们的思维内容? 这是一个颇有争议的问题。Nisbett 和 Wilson(1977)曾比较了他们所主持的实验中不同被试的表现,并让被试就自己的行为进行口语报告。结果发现,大多数被试都没有报告出主试操

---

① 李菲菲,刘电芝.口语报告法及其应用研究述评.上海教育科研,2005(1):39-41.

② 漆昌柱.口语报告法在运动思维研究中的应用:口语记录测量模型.体育科学,2003(6):108-111.

③ 张裕鼎.有关口语报告法效度的几个争议问题.宁波大学学报:教育科学版,2007,29(6):25-28.

纵的对其行为产生很大影响的变量。即便实验者提示有可能是这些自变量影响了他们，但被试仍然予以否认。[①] 以此为基础，在回顾和检视其他一些应用口语报告法的实验研究之后，Nisbett 和 Wilson 认为，个体没有通向调节行为的认知过程的直接内省通道，他们几乎或根本没有能力直接观察和报告出高级心理操作。因此，口语报告通常不能准确地描述个体的认知事件。后来有研究者认为，Nisbett 和 Wilson 的观点过于保守，很多情况下个体都能表现出他们具有通向其心理状态的精确通道。比如有关熟知感的研究就支持了这种观点。[②] 在熟知感实验中，主试会针对被试不能直接回答的一些事实性问题给出若干相似的答案，然后要求他们从中选择一个答案，并以四点量表评估自己对该选项的确信度。量表等级分别为"肯定知道""可能知道""可能不知道"和"肯定不知道"。结果发现，被试判定为肯定知道的项目的正确率为73％。这说明，人们对他们所知道的事情的主观感觉是较为准确的。另外，有人认为 Nisbett 和 Wilson 的研究大多采用被试间设计与追述性口语报告；若使用被试内设计与同时性口语报告（出声思考），报告结果也许会准确得多。因此，不同的实验设计和控制有时会影响口语报告的准确性，进而影响研究者对口语报告法的评价。

Ericsson 和 Simon(1993)对口语报告的分类，为理解口语报告的准确性提供了另外一种视角。[③] 他们根据口语报告的内容将其分为三类：第一种口语报告是直接的言语表述，即被试简单地大声说出他们内心"正在说"的话。比如，做 $48 \times 24$ 这样的心算作业就是在用言语编码解决问题，出声说出运算过程就是直接的言语表述，并没有报告自己内部的思维过程。第二种口语报告涉及短时记忆内容的重新编码。比如，在被试进行一项表象作业的同时，要求他出声表达他的思考，被试就需要对表象进行言语编码。第三种口语报告涉及解释。被试在为行为提供解释时会打断要解释的行为本身，因此会严重影响问题解决。Ericsson 和 Simon 认为，第一种口语报告既不影响问题解决的速率，也不影响问题解决的步骤序列；第二种口语报告由于增大了工作记忆的负荷会减缓问题解决的速率，但不会影响问题解决的步骤序列；而第三种口语报告既会影响问题解决速率，也会影响其步骤序列。由此可以推断，对于涉及前两种内容（任务）的口语报告，不论采用同时性还是追述性口语报

① Nisbett R E, Wilson T D. Telling more than we can know: Verbal reports on mental processes. Psychological Review, 1977, 84(3): 231-259.

② [美]Kantowitz B. 实验心理学. 郭秀艳等，译. 上海：华东师范大学出版社，2001: 404-405.

③ [英]Robertson S I. 问题解决心理学. 张奇等，译. 北京：中国轻工业出版社，2004: 15-16.

告法,其准确性均会高于第三种。也就是说,口语报告的准确性与任务性质(如表象作业、言语作业等),主试指导语(如要求被试对某一行为作出解释等)两方面的因素相关。

### 2. 口语报告的完整性

运用口语报告法搜集到的口语报告的完整性如何,能否为我们了解被试的认知过程提供足够的信息？这是一个值得关注的问题。Singley 和 Anderson(1989)指出,尽管理论上被试拥有通向工作记忆中所有元素的意识通道,但期望他们任何时候对所有内容都能言语化也是不合情理的。[1] 如果比较单个被试对同一任务多次尝试而产生的口语报告,或者比较被试的同时性口语报告与追述性口语报告,就会发现口语报告的不完整性。Ericsson 和 Simon(1993)曾指出难以运用口语报告法揭示的两种认知类型:一种是已经变得自动化的过程,即使在问题解决和专家推理这样的领域也仍然难以揭示;另一种是不以言语编码或难以转换为言语编码的思维,比如信息量很大的文本理解、知觉任务和再认知过程等。若把口语报告法运用于包含这两种认知类型的任务上,那么得到的口语报告数据必定是不完整的。为了揭示更多构成认知结构的基础性要素,Singley 和 Anderson(1989)建议,最好在被试处于中等绩效水平时获取其口语报告,因为随着其对某项作业经验的增长,同一过程可能由认知性控制转入自动化状态,进而难以用言语表达。[2] 这一建议应当引起研究者的重视。

然而,尽管 Ericsson 和 Simon 指出了口语报告不能揭示自动化过程,在谈及口语报告法的完整性时,Wilson(1994)仍批评了他们对无意识思维过程(比如内隐学习、内隐记忆、启动效应和直觉等)的忽视。[3] 在 Wilson 看来,如果研究的目的是生成假设而非验证某种因果假设,那么被试意识到的思维内容即便不太完整,也仍然可以成为研究者的灵感之源,具有重要的参考价值;但如果目标是探究可能包含无意识过程的认知,那么口语报告的完整性就值得怀疑。此外,他还认为,口语报告法的困难在于,没有任何独立的手段可以用来评估它的完整性,这也是造成人们怀疑其效度的主要原因。也许,Wilson 与 Ericsson 和 Simon 的分歧并不如表面那么严重,因为后者所谓的自动化过程实际上就是某

---

① Singley M K, Anderson J R. The transfer of cognitive skill. Cambridge, MA: Harvard University Press, 1989:271.

② Singley M K, Anderson J R. The transfer of cognitive skill. Cambridge, MA: Harvard University Press, 1989:274.

③ Wilson T D. The report protocol: Validity and completeness of verbal reports. Psychological Science, 1994, 5(5):249-252.

种程度的无意识思维过程。但 Wilson 对口语报告完整性的深刻见解，无疑会启发我们对口语报告法的适用情境进行更加严格的限定。

的确，口语报告的不完整性是客观存在的。一方面，由于短时记忆或工作记忆的容量有限，意识到的元素未必能完全报告出来。毕竟，被试应当主要关注任务的执行情况，而必须把口语报告（言语化）当作次要的工作来做。[①] 另一方面，可能存在任务执行中用到但无意识的认知过程。尽管如此，还是应该努力获得较为完整的口语报告。诚如 Simon 所言，任何时候在进行口语报告分析时，所保持的信息总是越多越好。[②] 为此，如有可能，应尽量搜集同时性和追述性两类口语报告。另外需要注意的是，运用口语报告法之前要对被试进行充分的训练，以使他/她习惯思维的言语化，因为一个平时健谈的被试在实验情境中可能不是一个好的表达者。

### 3. 口语报告的反应性

口语报告的反应性围绕"口语报告是否影响思维的正常进程"这一核心问题展开。自然，对研究者而言，口语报告的反应性越弱越好。如前所述，Ericsson 和 Simon 认为，除非涉及对思维的解释，否则不论是同时性口语报告还是追述性口语报告都不会对思维过程的序列产生影响，至多只会减缓任务完成的速率。所以在他们看来，不涉及解释的口语报告不会具有反应性，是有效的。Wilson（1994）在研究态度时发现，让被试思考他们产生某些态度的原因会改变这些态度。[③] 这一研究由于涉及对思维的解释（思考态度产生的原因），所以在某种程度上印证了 Ericsson 和 Simon 的观点。对此，Wilson 解释道，口语报告使人们的注意力总是集中于那些容易言语化且容易感知的态度对象的特征上，而那些不易言语化和不易感的信息则被忽略了。这一解释有其合理性，但若以此来衡量口语报告法，则未免苛刻了些。

值得一提的是，Schooler 等（1993）在问题解决的研究中也发现了口语报告的反应性。他们发现，同时性口语报告影响了被试在顿悟问题解决中的表现，

---

① Payne J W. Thinking aloud: Insights into information processing. Psychological Science, 1994, 5(5): 241.

② 朱新明, 李亦菲. 架设人与计算机的桥梁: 西蒙的认知与管理心理学. 武汉: 湖北教育出版社, 2000: 55-62.

③ Payne J W. Thinking aloud: Insights into information processing. Psychological Science, 1994, 5(5): 245-248.

却并不影响被试在非顿悟问题解决中的表现。[①] 他们解释道,这种效应是由于顿悟问题解决中的某些成分被语言的使用"遮蔽"了。也就是说,口语报告时的言语化也许会扰乱那些不可报告但对解决顿悟问题至关重要的过程。Ericsson和Simon对这一效应提出了另一种解释:不是问题状态的最初言语化,而是这种言语化所加强的问题最初的错误表征,阻碍了重构问题所需的新信息的提取。两种解释的不同之处在于,后者更强调心理表征的中介作用。但在笔者看来,他们的解释有着共同的前提,即口语报告反应性产生的最根本原因在于人们信息加工能量尤其是短时记忆容量的有限性。执行认知任务的过程中,这种能量分配的权衡也许会导致口语报告的反应性增强。这既有可能影响任务执行时间,也有可能影响任务执行时的思维序列。因此,为减少或避免口语报告的反应性,首先应加强对实验的控制,排除无关变量的干扰以减轻认知负荷,同时要注意限定口语报告法应用的任务领域。

当前,对口语报告法的研究日益深入,并呈现出一些新的趋势。其一,研究者已经开始分析不同口语报告法所"捕获"的知识类型差异,并试图改良口语报告法。研究表明,有提示的追述性口语报告能提供比一般追述性口语报告更多的行动信息、领域知识信息和策略知识信息。[②] 此类研究能够加深我们对口语报告法功能和工作机制的理解。其二,对口语报告分析技术,尤其是编码方案的研究将更加深入。与Ericsson和Simon(2003)等研究者主张非语境化(通用)编码不同,有人提出以语境化观点来改进口语报告的分类和编码技术。[③][④] 也许口语报告分析技术将来会走上非语境化与语境化相整合的道路。其三,不同类别(同时性、追述性)的口语报告法对不同被试群体(比如不同专长水平的被试)是否体现出特异的有效性,也是未来的重要议题之一。笔者相信,今后对口语报告法的深入研究将有助于进一步夯实其在心理学研究方法库中的重要位置。

---

① Schooler J W, Ohlsson S, Brook K. Thoughts beyond words: When language overshadows Insight. Journal of Experimental Psychology: General, 1993, 122(122): 166-183.

② Van G T, Paas F, Merriënboer J V, et al. Uncovering the problem-solving process: Cued retrospective reporting versus concurrent and retrospective reporting. Journal of Experimental Psychology: Applied, 2005, 11(4): 237-244.

③ Yang S C. Reconceptualizing think-aloud methodology: Refining the encoding and categorizing techniques via contextualized perspectives. Computers in Human Behavior. 2003, 19(1): 95-115.

④ 李贤,余嘉元. 国内外学者视角中的口语报告方法. 苏州大学学报:哲学社会科学版, 2006(1): 119-121.

总而言之,尽管口语报告法还存在一些不尽如人意的问题,但心理学和认知科学的研究实践已表明,口语报告法作为一种小样本研究方法,有其不可比拟的优越性,能够搜集到来自被试的丰富信息,也具有较高的生态效度。而Ericsson 和 Simon 于 1984 年出版并于 1993 年再版的 *Protocol Analysis:Verbal Report as Data* 一书,也再次确立了口语报告作为一种研究方法的合理性与合法性。

### (二)计算机仿真法

1956 年认知革命兴起以后,计算机成为人类思维的隐喻。在认知心理学家看来,人脑就是一台计算机。人们通过五官(眼、耳、鼻、舌、身)接收信息,正如计算机通过输入设备(如键盘、鼠标、摄像头、扫描仪、光笔、手写输入板、游戏杆、语音输入装置等)输入信息,人脑对信息的加工和存储正如计算机对信息的加工和存储,工作记忆相当于计算机的内存,而长时记忆相当于计算机的硬盘等存储设备,如此等等。

可以说,认知心理学家借助计算机模型在理解人类认知结构与功能方面取得了长足进步(即"人向计算机看齐")。然而有趣的是,心理学、计算机科学、语言学等多领域的科学家也在不断开展计算机仿真或人工智能模型研究,试图以计算机模拟人的智能行为,如问题解决和决策等(即"计算机向人看齐")。从1997 年超级计算机"深蓝"打败国际象棋大师卡斯帕罗夫,到 2016 年谷歌围棋人工智能 AlphaGo 击败国际顶尖围棋高手李世石,人工智能不断刷新着机器问题解决的记录。如此看来,计算机仿真作为一种研究人类问题解决的方法是成功的。

### (三)行为学实验法

行为学实验法是认知心理学最常用的研究方法之一。它遵循一般实验法的逻辑:操纵自变量、控制无关变量、测量因变量,常用的因变量指标是反应时和正确率。之所以称为"行为学实验",乃是因为认知心理学非常依赖于外显的行为学指标,认知心理学是根据个体对外部刺激的反应来推测其内在认知过程的。问题解决研究者可以通过巧妙的实验设计、严谨的实验控制、精密的实验测量,较为可靠地探明变量间的因果关系,揭示问题解决的影响因素、内在心理过程和运行机制。行为学实验法具有较高的内在效度,易于重复验证,是研究问题解决的主要方法之一。

### (四)神经生理学研究法

#### 1.眼动追踪法

近年来,心理学家开始重视眼动与认知之间的关系,眼动技术已被广泛应用于阅读心理、工业心理、广告与消费心理、交通心理、航空心理、体育心理、认知心理(含问题解决)、发展与教育心理、进化心理等领域的研究。眼动研究不仅可以完整地描绘出被试在各个位置的注视轨迹,还可以通过划分兴趣区,借助多种眼动指标采集学习者进行认知活动时的眼动数据,分析被试对各区域内容的注意程度和加工深度。由于眼动反映的是人脑的信息加工过程,眼动模式的特点与脑的信息加工过程密切相关,因此眼动方法能够为心理学研究提供更可靠的指标,用以佐证行为学数据。比如,有研究者记录了被试解决经典的顿悟问题——火柴棍算术问题时的眼动数据,突破了以求解率和求解时间为指标的传统行为测量,进一步揭示了被试解决问题过程中注意分配的结构(Knoblich,Ohlsson,Raney,2001)。[①] 该实验所得的行为数据和眼动数据都可以用顿悟的表征转换理论来解释。研究者认为,眼动记录的扩展应用有望使顿悟研究者在不同的表征转换机制之间作出区分。近期又有研究者以分子、分母均为两位数的复杂分数为实验材料,应用眼动追踪技术对成人被试进行分数大小比较时采用的策略进行了研究(Obersteiner,Tumpek,2016)。[②] 他们发现,对于同分母或同分子分数比较,被试倾向于采用成分比较策略,而对于异分母且异分子的分数比较,被试倾向于采用整体比较策略,即在数学上较熟练的成人能够依据复杂分数对的类型灵活调整自己的策略。该研究表明,眼动追踪是一种测量分数问题解决中策略使用的有前景的方法。

#### 2.脑电研究法

随着认知神经科学的发展,脑电在心理学研究中的应用越来越广泛。脑电图(EEG)是通过在头皮表面记录大脑内部的电活动情况而获得的。大脑内部非常微弱的电变化都能被置于头皮表面的电极记录到。这些变化可通过示波器中的阴极射线管而得以显示。将脑电应用于认知研究最关键的问题是脑电活动的自发性或脑的大量背景活动阻碍了对特定刺激引起的信息加工活动的记录。

---

① Knoblich G,Ohlsson S,Raney G E. An eye movement study of insight problem solving. Memory,Cognition,2001,29(7):1000-1009.

② Obersteiner A,Tumpek C. Measuring fraction comparison strategies with eye-tracking. ZDM:The international journal on mathematics education,2016,48(3):255-266.

针对这一问题的解决办法是多次呈现同类刺激。随后，每一次刺激呈现后的 EEG 片段被抽取出来并根据刺激的触发时间加以排列。这种刺激呈现时诱发的脑电位变化就称为事件相关电位（Event-Related Potentials，ERPs），把这些 EEG 片段叠加后再平均就会获得一个单一的波形，从而允许我们把刺激的效应从背景活动中分离出来。

事件相关电位在评估某些认知活动的时间进程上特别有效，其优势主要在于时间分辨率较高，可精确到毫秒。事件相关电位在顿悟问题解决研究中使用较为广泛。例如，买晓琴等（2005）采用事件相关电位技术探索了问题解决过程中顿悟的神经机制。[①] 以猜谜作业为实验任务，对"有顿悟"和"无顿悟"答案引发的脑电分别进行叠加和平均，并将二者相减（有顿悟-无顿悟）得到差异波。在 250～500ms"有顿悟"比"无顿悟"的 ERP 波形有一个更加负性的偏移，在差异波中，这个负成分的潜伏期约为 380ms（N380）。地形图和电流密度图显示，N380 在额中央区活动最强。偶极子源定位分析[②]结果显示，N380 可能起源于扣带前回。因此，N380 可能反映顿悟问题解决过程中思维定势的突破。[③]

需要指出的是，事件相关电位并不能提供关于脑功能定位方面的精确信息。而且，它只有在刺激非常简单且所给任务只涉及基本加工过程时才更有说服力。因此，事件相关电位在形式复杂的问题解决和推理研究中的应用还有待继续探索。

### 3. fMRI 研究法

功能磁共振成像（functional magnetic resonance imaging，fMRI）是一种新兴的神经影像学技术，其原理是利用磁振造影来测量大脑功能性氧消耗变化情况。局部神经元的兴奋将引起该区域血流量的增加，而血液中含有氧和葡萄糖。血红蛋白所携带的氧的含量影响其自身的磁场特性，因此可以被记录下来。fMRI 技术采用减法逻辑，即把控制状态或某一状态从实验状态中减去的

---

① 买晓琴，罗劲，吴建辉，等. 猜谜作业中顿悟的 ERP 效应. 心理学报，2005，37（1）：19-25.

② 是一种脑电溯源分析方法，即根据头皮记录的 EEG 反演估计脑内神经活动源的位置、方向和强度信息。fMRI 在空间分辨率上有着 EEG 不可比拟的优势，那为什么还需要 EEG 溯源呢？原因就在于 EEG 的时间解析度很高，可以达到毫秒级，在很多认知任务中，被激活脑区可能在小时间尺度上发生变化，如果这种变化超出了 fMRI 的窥察能力，就需要 EEG 源定位成为补充的研究手段。

③ 邱江等（2006）进一步澄清了 N320（N380）的认知意义，发现该负成分可能仅仅反映了新旧思路之间的认知冲突，而并不能真正揭示顿悟问题解决中思维定势的突破以及"恍然大悟"所对应的独特脑内时程变化。

方法,得到特定实验条件下的脑激活状态。由于 fMRI 具有高空间分辨率的特点,所以能够对认知功能进行精确的脑定位。例如,Luo 和 Niki 在国际上首次提出海马体在顿悟过程中的作用——支持新异而有效的联系的形成,就是利用事件相关 fMRI 技术揭示顿悟问题解决脑机制的一个成功例子。[①]

### 4. PET 研究法

正电子发射层析摄影术(position emission tomography,PET)是根据对正电子的检测而获得有关大脑活动的信息的。正电子是由某些放射性物质释放的一种微粒子。带有放射性标记的液体被注射进体内并迅速聚集在大脑的血管中。当部分皮质兴奋时,带放射性标志的液体就迅速移至兴奋处。接着,一个扫描装置测量放射性液体所产生的正电子数量。然后,再由计算机把这一信息转换成代表大脑不同区域兴奋水平的图像。比如,PET 可被用来研究情景记忆(episodic memory),情景记忆是一种长时记忆,涉及对过去情景或场合的有意识回忆。当被试提取情景记忆时,右前额叶显示较其他记忆提取时更高的兴奋水平。

### 5. MEG 研究法

脑磁图(magneto-encephalography,MEG)是一种运用超导量子干扰装置(superconducting quantum interference device,SQUID)来测量脑电活动磁场变化的技术。MEG 对神经活动的测量精度很高,能够相对直接地反映出神经活动的变化,部分是因为磁场不受脑组织的干扰。相比 PET 和 fMRI 信号只反映血流量的变化,MEG 能够提供有关认知过程的相当具体的时间信息,时间分辨率达毫秒级,这使得其能分辨出大脑皮质兴奋的先后顺序。然而,MEG 面临的最大问题是它不能提供结构或解剖信息,需要与 fMRI 结合使用以获得大脑兴奋区更精确的定位数据。

必须指出,对神经生理学研究方法在心理学中的使用存在着不同的观点。比如,记忆研究权威 Baddeley 认为,神经生理学即使揭示了长时记忆的神经生化基础,也不太可能对记忆的心理学特征提供完整、简明的解释。现阶段同时存在心理学理论和生理学理论还是很有必要的,神经生理学在现阶段对心理学理论和人类记忆模型的帮助甚微。对神经生理学的这种质疑可能缘于心理学家和神经生理学家分别着眼于不同的分析水平。这就好比一个木匠没有必要

① Luo J,Niki K. Function of hippocampus in "insight" of problem solving. Hippocampus,2003,13(3):316-323.

知道木材主要是由快速运动的原子组成的这个道理一样,认知心理学家也没有必要知道大脑的极为精细的神经生理学工作方式。当然,也有人持不同意见,许多研究者大力倡导神经生理学的研究,认为神经生理学研究虽不能替代心理学的解释,但至少可以让我们在提出或论证心理学理论时少走弯路,甚至寻找到捷径。

我们认为,神经生理学的技术手段各具优缺点,需要互补使用。"盲人摸象"的隐喻很适合用在此处理解研究方法,如果认识"大象"是一个问题,那每种方法"看"到的大概只是一个侧面。没有最优的方法,是问题决定方法,而不是方法决定问题。事实上,神经生理学的方法对于理解人类问题解决这一复杂现象意义重大,其特色在于汇合认知功能和生理学证据来描述、解释人类的问题解决过程。

# 第三章　工作记忆与问题解决

本章首先简要介绍了工作记忆的基本内涵,详尽阐述了工作记忆的多成分模型,然后剖析了工作记忆广度和工作记忆子成分对问题解决的影响,最后通过一项实证研究深入探讨了中央执行抑制能力、问题情境与难度对多位数减法估算问题解决的影响。

## 一、工作记忆及其多成分模型

工作记忆(working memory,WM),一般是指执行认知任务时对信息进行暂时存储、加工的容量有限的记忆系统,它与理解、学习、推理、问题解决等复杂思维过程密切相关。毋庸置疑,工作记忆是人的认知系统(记忆系统)中当前活跃的记忆,是将新信息进行组织,并将新旧信息进行整合的枢纽和工作站。

### (一)工作记忆的提出

传统的记忆三级加工系统模型将人类的记忆分为感觉记忆(瞬时记忆)、短时记忆和长时记忆[①]。其中,短时记忆被认为是一个单一的临时存储系统,其功能主要体现在对有限信息[$(7\pm2)$个单元的信息]的短暂保持上。这种对短时记忆的描述体现出一种静态、稳定的特征,而人类信息加工系统本质上是动态、灵活的,所以短时记忆这一构念开始显露出它的缺陷。

20 世纪六七十年代,工作记忆的概念应运而生,其中最具代表性的是 Baddeley 和 Hitch(1974)共同提出的工作记忆三成分模型,它指出工作记忆包括中

---

① Atkinson R C, Shiffrin R M. Human memory: A proposed system and its control processes. In Spence K W. The psychology of learning and motivation: Advances in research and theory. New York: Academic Press,1968:89-195.

央执行系统（central executive）、语音环路（phonological loop）和视空间模板（visuospatial sketchpad）三个子成分，如图 3.1 所示[①]。

**图 3.1　工作记忆的三成分模型**

在工作记忆三成分模型研究中，语音环路的研究最为充分。语音环路被假定为使用一个临时贮存和一个发音复述系统来保存言语和声音信息。临床病变研究和随后的神经影像学研究表明，它们分别主要与大脑 Brodmann 分区的 40 区和 44 区有关联。视觉空间模板被假定为保存视觉空间信息，并可切分为独立的视觉、空间和可能的动觉成分，主要表征在大脑右半球第 6、19、40 和 47 区。中央执行系统也被假定为可切分的，尽管现在对它的认识还不够深入，但似乎与前额叶区域有密切关联。

Brodmann 分区最早由德国神经科医生科比尼安·布洛德曼（Korbinian Brodmann）提出，各区域分布图如图 3.2 和图 3.3 所示。其中，第 6 区是前运动皮层；第 19 区是视觉联合皮层；第 40 区是缘上回，韦尔尼克区的一部分；第 44 区是岛盖部，布洛卡区的一部分；第 47 区是下额前脑回。

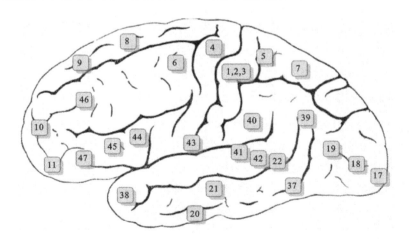

**图 3.2　大脑半球外侧面的 Brodmann 分区**

---

① Baddeley A D, Hitch G J. Working memory. In Bower G A. Recent advances in learning and motivation. Vol. 8. New York: Academic Press, 1974: 47-90.

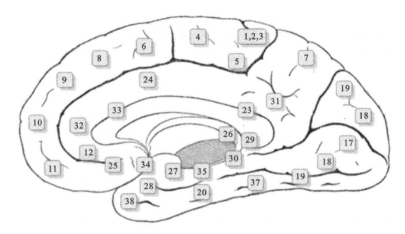

**图 3.3 大脑半球内侧面的 Brodmann 分区**

工作记忆是对早期短时记忆模型的发展和进化。工作记忆和短时记忆的区别主要体现在三个方面：其一，工作记忆不是一个由单一成分构成的系统，而是由中央执行系统、语音环路和视空间模板三个子成分构成的复杂系统；其二，工作记忆除了具备存储功能之外，还具有操作（加工）功能，而短时记忆仅具有存储功能；其三，工作记忆在语言、推理和问题解决等高级认知过程中起着重要作用。

### (二)工作记忆的多成分模型

工作记忆的三成分模型自提出以来，已经成功地用于解释大量的数据，其中不仅有来自正常人群的数据，还有来自偏常人群的数据；不仅有来自成年人的数据，还有来自儿童青少年的发展性数据；不仅有来自行为学实验的数据，还有来自神经生理学脑成像的数据。然而，遗憾的是，还是有许多现象不能用工作记忆三成分模型加以解释。有研究者指出，工作记忆三成分模型至少存在如下缺陷：第一，各子系统与长时记忆相互割裂；第二，三成分中的中央执行系统没有存储能力；第三，语音环路和视空间模板这两个子系统相互分离。[1][2]

---

① Baddeley A D. The episodic buffer：A new component of working memory?. Trends in Cognitive Sciences,2000,4(11)：417-423.

② 鲁忠义,杜建政,刘学华.工作记忆模型的第四个组成成分.心理科学,2008,31(1)：239-241.

针对这些缺陷和新的实验证据，Baddeley(2000)又提出了工作记忆的第四个子成分——情景缓冲器(episodic buffer)[①]。情景缓冲器可被视为一个有限容量系统，其功能在于提供一个以多模态编码的信息的临时存储，并且能从次级系统(语音环路和视空间模板)及长时记忆中绑定信息，使之成为一个整体的情景表征。增加情景缓冲器后的工作记忆模型不同于旧的三成分模型，它更加关注信息整合的过程，而不是孤立的子系统。

如图 3.4 所示，修订后的四成分工作记忆模型可分为三个层次：第一层次是中央执行系统，完成最高级的控制过程；第二层次是语音、视觉、空间等各类信息的暂时加工，包括视空间模板、情景缓冲器和语音环路三个辅助的子系统；第三层是长时记忆系统，包括视觉语义、情景长时记忆和语言。第一、二层属于流体系统(fluid systems)，其能力不随学习而改变；第三层属于晶体系统(crystallized systems)，其能力可以随学习而得以提升。

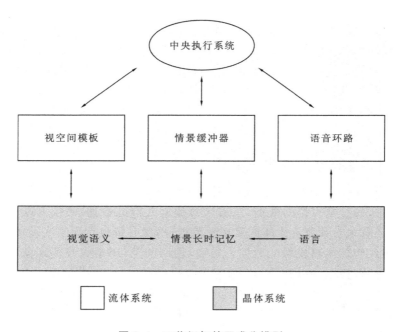

图 3.4　工作记忆的四成分模型

① Baddeley A D. The episodic buffer: A new component of working memory?. Trends in Cognitive Sciences, 2000, 4(11):417-423.

上述工作记忆模型中的四个子成分具体涵义如下。

### 1. 语音环路(phonological loop)

语音环路是一个包含着语音形式信息的容量有限的系统,主要用于言语复述,负责以声音为基础的刺激信息的存储与控制。它包括语音存储装置和发音复述装置两个部分。语音存储装置能保持言语编码所引起的短暂表征,是言语工作记忆的主要部分。语音信息以记忆痕迹的形式储存在语音存储装置中,但这些记忆痕迹如果得不到及时复述,就会在几秒钟之内衰退以致消失;要不断地复述它们,就需要发音复述装置。听觉形式的语音信息可以直接进入语音存储装置,而视觉形式的语言信息必须先转化为听觉形式的信息才能进入该装置;而发音复述装置正是完成这一转化的关键。也就是说,发音复述装置有两项功能:一是不断加强快要消退的听觉记忆痕迹;二是将视觉形式的语言信息转化为听觉形式的语言信息,从而助其进入语音存储装置。

### 2. 视空间模板(visuospatial sketchpad)

视空间模板是一个处理视觉和空间信息的容量有限的系统,主要负责进行视觉和空间编码、暂时存储视觉和空间信息。它又可细分为视觉缓存和内部抄写器两个成分。前者是对视觉模板的保持,主要用于视觉信息的被动存储和复述;后者是对空间运动序列的保持,主要参与视觉信息的动态操作和复述。

### 3. 情景缓冲器(episodic buffer)

情景缓冲器是一个容量有限的暂时存储多种编码信息的系统。情景缓冲器为语音环路、视空间模板和长时记忆间的交流提供了一个暂时整合信息的平台,然后中央执行系统以此为基础,将不同来源的信息整合成完整连贯的情境或组块。情景缓冲器与语音环路、视空间模板处于并列地位,也受中央执行系统控制。如图3.4所示,各子系统与情景缓冲器之间缺乏相互连接的箭头,这说明不同来源信息的转换主要由中央执行系统完成。但是情景缓冲器能保存中央执行系统的整合结果,并支持后续的整合操作。

### 4. 中央执行系统(central executive)

中央执行系统类似于注意,主要负责语音环路、视空间模板和情景缓冲器这三个子系统与长时记忆的联系,同时还负责信息加工策略的选择和计划。1996年,Baddeley给该系统增加了一些其他的功能,具体包括负责各子系统之间的协调;"注意控制器",即集中和转换注意,对输入的信息进行选择,并抑制无关信息；与 Norman 和 Shallice 提出的监控注意系统相类似，都是被用来处理新异或危险的情景、做计划或解决问题；有能力提取、处理长时记忆中的信息[①]。总之，中央执行系统是工作记忆的核心，是控制工作记忆加工过程的机制，负责对三个子系统的协调、对存储和加工的协调及选择性注意，但其没有临时存储功能。

# 二、工作记忆对问题解决的影响

工作记忆在人的信息加工中扮演着多种不同角色。工作记忆不仅用来存储当前使用的信息，还起到了提取信息、加工新信息和传递信息到长时记忆的作用。假设你被蜜蜂蜇了一下，你的触觉记忆将对蜇痛感进行感觉登记，而你的视觉记忆则俘获了蜜蜂。然后，这些感觉印象会被传递至工作记忆，在这里它们会被联合起来形成一种整合的记忆表征，即"我被蜜蜂蜇伤了。"与此同时，你的工作记忆会激活长时记忆中存储的在某次急救课中学到的关于被蜜蜂蜇伤后的过敏性反应知识。工作记忆会将这种关于过敏性反应的知识有意识地提取至短时记忆，以帮助你检查自己是否出现了过敏性反应。假设经过检查，你推断自己没有过敏性反应，这时工作记忆就会将"我没有过敏"的新知识传递至长时记忆。可见，工作记忆在语言、推理和问题解决等高级认知过程中起着重要的作用。下面，重点探讨工作记忆的广度和子成分对问题解决的影响。

## （一）工作记忆广度对问题解决的影响

工作记忆的一个显著特点就是容量有限。工作记忆广度（working memory span），意即工作记忆容量（WM capacity），是工作记忆研究的一个主要方面。工作记忆广度的使用起源于 Daneman 和 Carpenter（1980）的一项研究[②]。在这项研究中，让大学生被试大声朗读一系列句子，序列长度不断增长，要求他们回忆每个序列中所有句子的最后一个词，并且要理解每一个句子。被试既能理解句子，又能把句子最后一个词正确回忆出来，在这种条件下所完成的最大句子数，就是工作记忆容量，亦称阅读广度。工作记忆容量反映了加工操作（如理解句子）和暂时存储（如保持住每一个句子的最后一个词）的结合。实验结果发现，在大学生中，阅读广度的变化幅度一般为 2～2.5 个句子。目前，此方法已

① Baddeley A D. Exploring the central executive. Quarterly Journal of Experimental Psychology,1996,1(1):5-28.

② Daneman M,Carpenter P A. Individual differences in working memory and reading. Journal of Verbal Learning and Verbal Behavior,1980,19(4):450-466.

成为测量言语工作记忆的标准方法,而阅读广度、数数广度、运算广度和阅读字母广度等词语也成为标识工作记忆容量的常用术语。

### 1. 工作记忆广度有限性的认知机制

大量研究发现,工作记忆广度与复杂的认知能力高度相关,它能很好地预测阅读理解[1]、学业成绩[2]及一般流体智力[3]等。探讨工作记忆广度有限性的认知机制,一直是近年来工作记忆研究的焦点之一。目前,已形成了比较有影响的三种观点,并各有相应的实证数据支撑。

(1)资源共享模型。

资源共享模型认为,由于加工与存储两者都在争夺共同的有限资源,所以,工作记忆广度主要受有限的认知资源的限制。该模型特别强调加工活动对工作记忆广度的作用,认为加工任务越难,加工活动需要的认知资源就越多,相应地,也就减少了存储活动的认知资源,回忆效果就越差。反之,如果加工任务很容易,加工活动需要的认知资源就很少,从而使存储活动可以得到更多的认知资源,回忆效果就越好。Case等(1982)在研究中发现,12岁儿童的数数广度明显高于6岁儿童的数数广度,儿童的数数广度与数数速度呈近似线性关系,即速度越快,广度越高。这主要是因为与年幼儿童比起来,年长儿童的快速数数只占用了少量的加工资源,留下了更多的认知资源用于存储活动,所以记忆效果更好。[4]

(2)任务转换模型。

任务转换模型认为,被试在进行加工活动时,短时存储中的记忆项目会经历与时间有关的遗忘,保持时间越长,记忆痕迹经历消退的时间就越长,回忆的效果就越差,所以工作记忆广度与记忆痕迹的消退有关。Towse和Hitch(1995)针对Case研究中存在的难度增加与保持时间延长相混淆的问题,在实验中分别控制了数数难度和数数时间。结果发现,增加数数难度(减少目标刺

---

① Friedman N P, Miyake A. The reading span test and its predictive power for reading comprehension ability. Journal of Memory and Language, 2004, 51(1):136-158.

② Lepine R, Barrouillet P, Camos V. What makes working memory spans so predictive of high-level cognition. Psychonomic Bulletin Review, 2005, 12(1):165-170.

③ Conway A R A, Cowan N, Bunting M F, et al. A latent variable analysis of working memory capacity, short-term memory capacity, processing speed, and general fluid intelligence. Intelligence, 2002, 30(2):163-183.

④ Case R, Kurland M, Goldberg J. Operation efficiency and the growth of short-term memory. Journal of Experimental Child Psychology, 1982, 33(3):386-404.

激与分心刺激之间的区别)并不影响数数广度,相反,延长数数时间却使数数广度明显降低。[1] 在任务转换模型看来,执行工作记忆广度任务的过程中,被试是以一种简单的、系列的方式在加工与存储任务之间来回转换注意资源。这种转换不受有限共享资源的限制,加工速度通过影响记忆项目可能被遗忘的时间长短来间接影响工作记忆广度成绩。[2]

(3)时间资源共享模型。

时间资源共享模型是由资源共享模型和任务转换模型整合而成的,强调工作记忆广度既受有限的注意资源影响,也与记忆消退有关。时间资源共享模型认为,工作记忆广度任务中的加工与存储活动都需要注意资源,但由于注意资源是有限的,两者之间存在着资源共享关系;一旦注意从存储活动转移,记忆痕迹就随时间而消退;加工与存储之间的注意共享是通过在加工与存储之间进行快速的注意转换实现的;个体正是通过这种快速的注意转换来激活和更新处于消退中的记忆痕迹。[3] 但加工与存储之间的注意转换受到认知负荷的限制,认知负荷是加工活动完全占用注意资源的时间的函数。这段时间越长,注意可以灵活地转向存储活动并刷新记忆痕迹的时间就越短,记忆的效果就越差。换言之,认知负荷调节着时间效应,对工作记忆广度起着决定作用。张奇和王霞(2007)的实验研究表明,认知负荷对工作记忆广度具有重要影响,保持时间不影响工作记忆广度,工作记忆广度受认知资源限制。[4] 刘丽和李晖(2008)通过 Stroop 干扰实验严格筛选被试,考察了控制性注意能力不同的被试加工不同认知负荷工作记忆广度任务时的成绩差异,已证实并支持了时间资源共享模型。[5] 相比资源共享模型和任务转换模型,时间资源共享模型似乎更有吸引力。

---

① Towse J N, Hitch G J. Is there a relationship between task demand and storage space in tests of working memory capacity?. Quarterly Journal of Experimental Psychology,1995, 48(1):108-124.

② Towse J N, Hitch G J, Hutton U. On the interpretation of working memory spans in adults. Memory & Cognition,2000,28(3):341-348.

③ Barrouillet P, Bernardin S, Camos V. Time constraints and resource sharing in adults' working memory spans. Journal of Experimental Psychology:General,2004,133(1):83-100.

④ 张奇,王霞. 工作记忆广度:资源限制、记忆消退还是转换机制?. 心理学报,2007, 39(5):777-784.

⑤ 刘丽,李晖. 认知负荷和控制性注意对工作记忆广度任务成绩的影响. 心理与行为研究,2008,6(2):112-116.

### 2.工作记忆中的认知负荷与问题解决

(1)工作记忆中认知负荷的类型。

工作记忆中的认知负荷(cognitive load)是指完成某项认知任务时所需要的心理资源总量。"认知负荷"这一术语自1988年由Sweller正式提出以来,已经逐步发展成为认知负荷理论(cognitive load theory,CLT),用于解释推理、问题解决和学习等信息加工过程,并且对多媒体学习环境和网络学习环境下的教学设计产生了重大影响。

依据认知负荷的不同来源,Sweller(1999,2010)区分了三种类型的认知负荷:一是内在认知负荷(intrinsic cognitive load),由材料中包含的项目或成分之间的交互性引起,即为了理解信息,学习者必须在工作记忆中加工的信息单元数量;二是外在认知负荷(extraneous cognitive load),由信息格式、呈现方式和学习活动的工作记忆需求所施加;三是关联认知负荷(germane cognitive load),是指由学习者加工和理解材料而付出的努力所诱发的负荷。在Sweller等研究者看来,这三种认知负荷是可加和的,但由于工作记忆容量的有限性,这三种认知负荷在认知活动中表现为"此多彼少、总和不变"的组合关系。

Xie和Salvendy(2000)认为Sweller对认知负荷的划分具有静态性,还可以根据认知负荷在认知活动进行过程中的变化对其进行动态的划分。认知负荷应当被视为一个动态构念,它反映了学习中资源分配的波动性。据此,他们提出了一个有助于理解和估计认知负荷的较为详尽的概念框架。该框架在即时负荷(instantaneous load)、峰值负荷(peak load)、累积负荷(accumulated load)、平均负荷(average load)和总体负荷(overall load)之间作了区分(图3.5)。

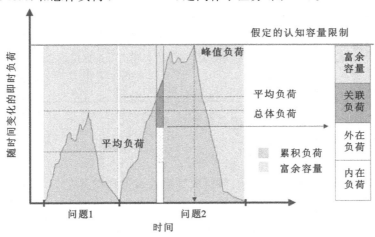

图 3.5　界定认知负荷的一种框架

即时负荷反映的是个体在从事某项任务时认知负荷每时每刻的动态波动。峰值负荷是执行任务过程中即时负荷的最大值。累积负荷是指学习者在任务中经历的总的负荷量。从数学上讲，它可以被定义为花费在任务上的这段时间内的即时工作负荷的总和（也就是即时负荷曲线下的面积）。平均负荷代表任务执行期间的平均负荷强度，它是即时负荷的平均值，等于单位时间内的累积负荷。最后，总体负荷是基于整个工作过程所经历的负荷或学习者大脑中即时或累积负荷和平均负荷的描绘。从认知负荷理论的观点看，即时负荷及其派生的测量和总体负荷在获取任务执行期间认知负荷动态变化的详细视图和跨任务工作期间认知负荷的整体视图上都是有用的。

（2）工作记忆中认知负荷的测量。

认知负荷是一种描绘了不能被直接观察的内在信息加工过程的理论构念。为了使用这一构念更好地研究问题解决，必须寻找有效且可靠的测量认知负荷的工具。

目前，测量认知负荷的方法大致可以从两个维度进行分类，一是客观性维度，包含主观和客观两个水平；二是因果关系维度，包含直接和间接两个水平。这两大维度相互交叉后，就生成了四大类测量方法：一是间接、主观测量方法；二是直接、主观测量方法；三是间接、客观测量方法；四是直接、客观测量方法，如表3.1所示。

表3.1　　　　基于客观性和因果关系的认知负荷测量方法分类及举例

| 客观性 | 因果关系 | |
| --- | --- | --- |
| | 间接 | 直接 |
| 主观 | 自我报告投入的心理努力 | 自我报告的压力水平<br>自我报告的材料难度 |
| 客观 | 生理测量（如心率变化、任务诱发的瞳孔反应、眼动追踪分析）<br>行为测量<br>学习结果测量 | 脑活动测量（如功能磁共振成像、正电子发射层析摄影）<br>双任务表现 |

研究中常用的几种认知负荷测量方法如下。

① 任务（材料）难度评定。

这是一种认知负荷的直接、主观测量方法。根据 Pass 等的总结，在难度评定量表上做出主观判断是认知负荷研究中最经常使用的测量方式。[①] 任务难度

---

① 　Pass F，Tuovinen J E，Tabbers H，et al. Cognitive load measurement as a means to advance cognitive load theory. Educational Psychologist，2003，38（1）：63-71.

评定主要用于捕捉累积负荷或平均负荷。广泛应用任务难度评定是因为这种方法在教学情境中很容易实施，并且已有研究证据表明它可以可靠地检测出教学设计所诱发的认知负荷变化。

② 双任务评定法。

这是一种认知负荷的直接、客观测量方法。双任务评定法的使用有两种不同的方式。第一种方式中，为了诱发记忆负荷，在主任务中增加次级任务。要测量的因变量是主任务的成绩，相比于单任务条件（仅有主任务），主任务成绩在双任务条件下应该会下降。第二种方式是用次级任务作为由主任务诱发的记忆负荷的测量。这里，次级任务的成绩是感兴趣的因变量。如果主任务的不同变式诱发不同数量的认知负荷（记忆负荷），那么次级任务的成绩将会随之而改变。双任务范式是工作记忆研究的常用范式，我们认为，它作为问题解决中认知负荷的一种直接、客观的测量方法，是极具前景的。但这种方法的缺陷在于它主要用于实验室实验，可能威胁实验的生态效度，因为它可能在某种程度上改变了所考察的问题解决任务，其结果不再代表学习者在现实生活中所体验到的那些任务。

③ 生理测量法。

这是一种认知负荷的间接、客观测量方法。生理测量法通过测定作业者在进行指定作业过程中出现的生理反应来间接地评估认知负荷。生理指标的最大优势在于提供了对认知负荷的精细测量，通常不需要任何外在反应。目前研究者常用的生理指标有瞳孔放大（pupil dilation）[①]和脑自发电位（electroencephalogram，EEG）。

首先，瞳孔放大已被证明是认知负荷最精确的生理指标之一。比如，在数字广度记忆任务中，研究者发现瞳孔大小随着每个额外数字的呈现而上升，在数字得到回忆后又重新恢复到基线水平大小。[②] 瞳孔放大指标对于记录认知负荷变化的有效性在乘法心算和句子理解任务中也得到了验证。不过，将瞳孔放大作为认知负荷测量指标有两大缺陷：一是被试必须被隔绝在实验室环境内，同时使用腮托以固定头部运动并使用仪器来进行校正；二是在老年学习者中瞳孔放大对心理负荷的反映可能不够灵敏。其次是脑自发电位。神经生理学研

---

[①] 也称为任务诱发的瞳孔反应（task-evoked pupillary responses，TEPRs），被证明对简单和复杂学习任务中的认知负荷变化均敏感；认知负荷的增加会伴随着瞳孔直径的增加。其中，瞳孔直径峰值反映峰值负荷，瞳孔直径平均值反映平均负荷，瞳孔反应曲线下的面积反映累积负荷。

[②] Granholm E, Steinhauer S R. Pupillometric measures of cognitive and emotional processes. International Journal of Psychophysiology, 2004, 52(1): 1-6.

究已表明，基于自发电位的认知负荷指标也对应着在各种自然任务中（诸如心算、文本编辑、网页搜索等）被试所主观体验到的认知需求的变化。[1] 脑自发电位测量的优势在于被试通过移动方式完成典型学校任务时也能佩戴记录设备。这就同其他神经生理技术（如磁共振成像）形成了鲜明对比，因为后者只能在严格约束学习者活动的实验室条件下来收集数据。

值得一提的是，不同测评技术各有优点和局限性，分别适用于不同的情境、不同的负荷水平范围。因此，利用多种技术对认知负荷作综合评估（会聚测量）以替代基于单一方法或指标的评估是比较合理的选择；同时，认知负荷的多维度特性也决定了对其作综合评估的必要性。近年来，国外一些学者运用多指标综合评估方法在认知负荷测量中进行了一些探索性研究。比如，Kilseop和Myung（2005）运用主成分分析法将三种生理指标（脑电、眼动和心率）和主观负荷组合成一个综合评估指数，发现综合指数较单项指标能更准确地区分不同难度任务中被试的认知负荷水平。[2] Zheng和Cook（2012）利用主观评定量表、基于任务表现的方法（反应时和正确率）和生理学方法（瞳孔测量）对图解影响复杂问题解决活动中认知负荷的效果进行了会聚测量。[3] 他们指出，这种会聚测量方法允许研究者检验认知负荷不同方面的联系和分离，并且能够将一种教学操纵对学习活动结果（如成绩）的影响同对学习过程的影响（如峰值负荷、累积负荷等）分离开来。

（3）直指问题解决的认知负荷的优化。

前已述及，工作记忆的中央执行成分负责协调三个子系统（slave systems）——语音环路、视空间模板和情景缓冲器，这三个子系统都是容量有限而且相互独立的，一个系统的加工容量不能补偿另一系统加工容量的匮乏。当学习者需要的认知加工容量超过学习者具有的认知容量，就会出现认知超载（cognitive overload）。

Sweller（1999，2010）对认知负荷的分类较好地解释了认知超载现象。如图3.6所示，在工作记忆广度有限的情况下，图3.6（a）代表了内在认知负荷和

① Lamberts J，Broek P L C V D，Bener L，et al. Correlation dimension of the human electroencephalogram corresponds with cognitive load. Neuropsychobiology，2000，41（3）：149-153.

② Kilseop R，Myung R. Evaluation of mental workload with a combined measure based on physiological indices during a dual task of tracking and mental arithmetic. International Journal of Industrial Ergonomics，2005，35（11）：991-1009.

③ Zheng R，Cook A. Solving complex problems：A convergent approach to cognitive load measurement. British Journal of Educational Technology，2012，43（2）：233-246.

外在认知负荷均较低,关联认知负荷可用资源较多的情况;图 3.6(b)代表了内在认知负荷较低,外在认知负荷较高,关联认知负荷可用资源较少的情况;图 3.6(c)代表了内在认知负荷较高,外在认知负荷较低,关联认知负荷可用资源较少的情况;图 3.6(d)代表了内在认知负荷和外在认知负荷均较高,关联认知负荷无可用资源,进而出现了认知超载的情况。显然,图 3.6(a)代表了一种较为理想的状况,图 3.6(c)次之,图 3.6(b)再次之,而图 3.6(d)最糟糕。进一步而言,为了提高问题解决的实效性,优化工作记忆中的认知负荷具体涉及:降低外在认知负荷和增加关联认知负荷,并尽可能地降低内在认知负荷。

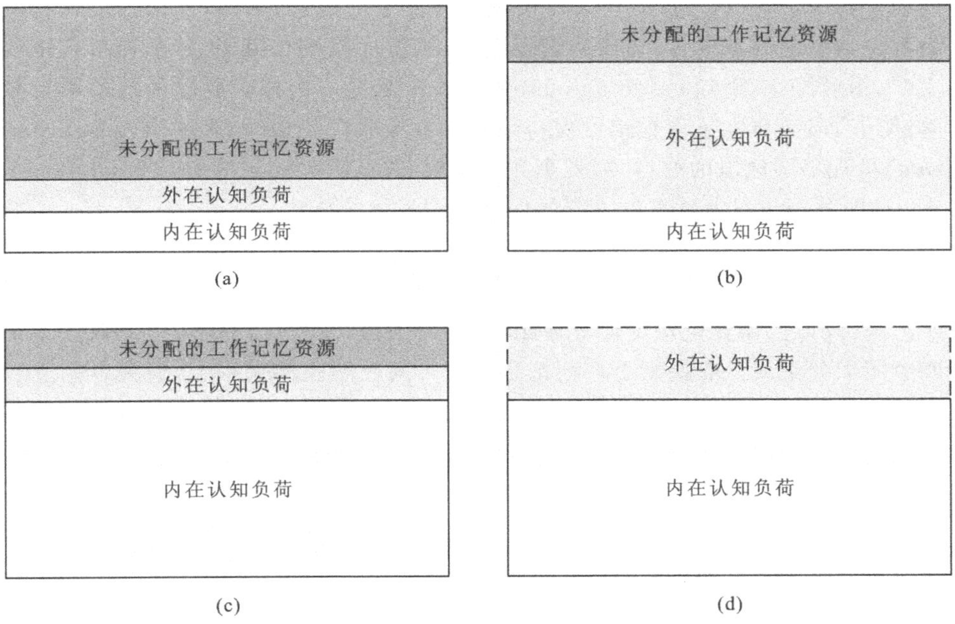

图 3.6 内在、外在和关联认知负荷的"此消彼长"关系
(a)内在:低;外在:低;(b)内在:低;外在:高;
(c)内在:高;外在:低;(d)内在:高;外在:高

Mayer(2003)基于对认知加工需求的划分,提出了优化认知负荷的设想。[①] 他将认知加工需求分为必要加工(essential processing)、附带加工(incidental processing)和表征保持(representational holding)。必要加工是指为获得所呈现材料的意义而所需的基本认知加工资源。附带加工是指由学习任务的不良设计所启动,但对获得所呈现材料的意义不必要的认知过程。表征保持是指在

① Mayer R E,Moreno R. Nine ways to reduce cognitive load in multimedia learning. Educational Psychologist,2003,38(1):43-52.

工作记忆中将心理表征保持一段时间的认知过程。据此，在问题解决中，优化认知负荷的设计就是重新分配必要加工，减少附带加工，或者减少表征保持。他提出了在多媒体学习中减少认知负荷的具体方法：第一，当一个通道被必要加工的认知需求超载时，则对该通道的认知负荷进行卸载（off-loading），由其他通道负载部分认知负荷；第二，当工作记忆中的必要加工要求在两个通道中都超载时，则分割（segmenting）所呈现的材料，或对参与者进行提前训练（pre-training），让其接受关于即将进行的学习系统中成分的提前指导；第三，当使用无关材料，系统被附带加工超载时，则删除（weeding）无关材料，或给予参与者线索提示（signaling），帮助其选择和组织有价值的信息；第四，当因必要材料的呈现方式引起附带加工，造成系统超载时，则有序排列（aligning）必要材料中的文字、图形等，或消除冗余（eliminating redundancy），去掉必要材料的不必要复本；第五，当需要在工作记忆中保持信息而导致系统超载时，则同步（synchronizing）呈现不同通道的材料，如视觉和听觉材料同步呈现，或个性化（individualizing），即利用学习者具有的不同的保持心理表征的技能。

### （二）工作记忆子成分对问题解决的影响

如前所述，工作记忆由语音环路、视空间模板、情景缓冲器和中央执行系统四个子成分组成。在探索工作记忆子成分与问题解决的关系上，研究者们进行了大量的工作记忆子成分分离性研究，着力探索不同的工作记忆子成分是否参与，以及如何参与具体问题解决过程。鉴于情景缓冲器的提出相对较晚，现有研究较为薄弱，且大多停留在测量探索上，如 Baddeley 的限定句子广度（constrained sentence span）实验[①]，所以此处主要探讨语音环路、视空间模板和中央执行系统三个子成分对问题解决的影响。

### 1. 语音环路与问题解决

语音环路的功能在于储存和保持语言信息。它究竟是如何发挥作用的？在此，仅以数学加法运算问题为例加以探讨。在简单加法运算问题解决上，De Rammelaere 等（2001）通过双任务范式研究证实了语音任务并不影响简单加法运算。[②] 也就是说，经过大量练习后，被试可以从长时记忆系统中直接快速地提

---

① Baddeley A D. Is working memory still working?. American Psychologist, 2001, 56 (11): 851-864.

② Rammelaere S D, Stuyven E, Vandierendonck A. Verifying simple arithmetic sums and products: Are the phonological loop and the central executive involved?. Memory and Cognition, 2001, 29(2): 267-273.

取答案。在这种情况下,被试不需要在语音环路中储存和保持加数、被加数和答案的信息。

在多位数加法运算问题解决上,Logie 和 Gilhooly(1994)利用双任务范式研究了语音环路在多位数加法运算过程的作用。研究发现,无论语音方式,还是视觉方式呈现的连加任务都受到了语音任务的干扰。[1] Fürst 和 Hitch(2000)以两个三位数的加法的生成任务为实验材料,研究了语音环路在多位数加法运算中的作用。他们在实验中对加法任务的视觉呈现时间进行了操纵,即将呈现时间分为短时间呈现(4000ms)和无呈现时间限制(即信息保持到被试按键做出反应后消失)。研究表明,语音任务干扰短时间呈现的多位数加法任务,但不影响无呈现时间限制的多位数加法任务。[2] 可见,语音环路在多位数运算中的作用具有一些动态性特点,对任务的呈现时间进行操纵可能会改变语音环路参与多位数加法运算的方式。也就是说,短时间呈现任务要求被试不得不保持住所有的问题信息,从而增加语音环路的负荷;而任务信息一直呈现在显示器上,被试可以通过视觉信息重新登记来获取起始信息,从而减轻语音环路的负荷。[3]

总之,鉴于语音环路容量的有限性,在问题解决中应尽量避免语音环路超载,同时可考虑通过视空间模板登记信息来缓解语音环路的负荷。

### 2. 视空间模板与问题解决

与语音环路不同,视空间模板在数学运算中的作用并没有受到研究者足够的重视。就某些问题解决策略而言,如估算策略等,视空间模板的作用是不容忽视的。[4] 刘红、王洪礼(2009)在让受过珠心算训练和未受过珠心算训练的儿童分别进行珠心算的同时,执行语音环路次任务和视空间模板次任务,并与控制条件作对比,结果发现,视空间模板次任务对受过珠心算训练组的反应时和正确率都产生了显著的干扰效应。[5] 这说明,珠心算过程中的存储成分依赖于工作记忆中的视觉空间模板子系统,这可能与珠心算需要借助大脑中的"珠象

① Logie R H,Gilhooly K J,Wynn V. Counting on working memory in arithmetic problem solving. Memory,Cognition,1994,22(4):395-410.

② Fürst A J,Hitch G H. Separate roles for executive and phonological components of working memory in mental arithmetic. Memory,Cognition,2000,28(5):774-782.

③ 同上。

④ Dehaene S,Piazza M,Pinel P,et al. Three parietal circuits for number processing. Cognitive Neuropsychology,2003,20(3):487-506.

⑤ 刘红,王洪礼.工作记忆子成分在小学三年级儿童珠心算中的作用.心理科学,2009,32(6):1325-1327.

图(心理算盘)"这一表象进行运算有关。

　　然而,视空间模板可能不用于储存和保持简单乘法运算信息,这是因为简单乘法运算知识,如"九九乘法表",是通过反复背诵习得的,它们的信息表征形式或加工可能更多地具有语言特征。Seitz 和 Schumann-Hengsterler(2000)应用手动任务(hand movement)来增加视空间模板的负荷。结果表明,手动任务不影响简单乘法运算。[①] Lee 和 Kang(2002)要求被试在解决简单乘法问题的同时在大脑中保持星号的映像,结果表明:星号保持同样不影响简单乘法运算,但要求被试保持星号的映像会对减法运算产生干扰。[②] 这说明,视空间模板可能参与简单减法运算。关于视空间模板在多位数运算过程中作用的研究较少。有关视空间模板是否参与多位数加法运算,还有待进一步的实验予以检验。Noël 和 Désert(2001)等在实验中引入加数和被加数的视觉特征相似系数来刻画数的视觉特征相似程度,结果表明:数字视觉特征的相似程度并不影响多位数加法的运算。[③] 但我们都知道,数学语言既具有语言特性,而且在某些情形下它还可能具有视空间特性。一方面是因为多位数信息中含有空间位置的信息,即相同数字的不同排列表示不同的数;另一方面,通过心算完成任务时,被试不仅要在工作记忆系统中保持中间结果的数字,同时要保持住这个数字所在的位置。而位置信息显然需要利用视空间模板来储存和保持。

　　当然,还是有大量的证据支持视空间模板对算术认知过程的影响。比如,Rourke(1993)研究发现,其他领域学习能力正常而仅仅算术学习能力不佳的儿童在视觉空间认知能力上表现出其特有的缺陷。[④] 这说明,视空间模板可能还是在算术运算过程中起重要作用。Adams(2012)发现视空间模板对数字大小判断及数字书写有高预测作用。[⑤] 这有力支持了视空间模板在算术认知过程中对视空间信息的保持与操纵作用。

　　上述研究证据表明,视空间模板在问题解决中的作用因问题类型而不同,它表现出一定的灵活性。

① Seitz K,Schumann-Hengsterler R. Mental multiplication and working memory. European Journal of Cognitive Psychology,2000,12(4):552-570.

② Lee K M,Kang S Y. Arithmetic operation and working memory:differential suppression in dual tasks. Cognition,2002,83(3):63-70.

③ Noël M P,Désert M,Aubrun A,et al. Involvement of short-term memory in complex mental calculation. Memory,Cognition,2001,29(1):34-42.

④ Rourke B P. Arithmetic disabilities,specific and otherwise:A neuropsychological perspective. Journal of Learning Disabilities,1993,26(4):214-226.

⑤ 丁晓,吕娜,杨雅琳,等. 工作记忆成分的年龄相关差异对算术策略运用的预测效应. 心理学报,2017,49(6):759-770.

### 3.中央执行系统与问题解决

虽然研究者采用了不同算术任务类型(如生成式任务、验证式任务)[①],不同的运算类型(如加法、乘法),不同的中央执行负荷任务,但是实验结果都证实了中央执行系统在算术运算过程中具有重要作用。

根据 Baddeley 的研究,中央执行可以进一步分离为对于双任务的协调(coordinate performance on two separate tasks)、抑制无关信息的干扰(inhibit the disrupting effect of others)、提取策略转换(switch retrieval strategies)及对于长时记忆中信息的保持和操纵(hold and manipulate information in long-term memory)这四种执行功能。[②] McLean 和 Hitch(1999)认为,Baddeley 提出的四种中央执行功能都会参与儿童的算术认知加工过程。[③] 中央执行的第一种功能主要负责协调在两个或更多分任务上的表现,而算术运算是一种多任务,它既需要保持计算结果,也需要同时保持其他信息。第二种执行功能负责对提取策略进行转换,如在进行多位数乘法问题解决时,既需要乘法运算,也需要加法运算,在进位运算时也需要进行适当的转换。第三种执行功能主要负责抑制无关信息的干扰,多位数的运算需要在计算的不同阶段,选择性地注意运算的某一方面,而暂时忽略其他方面。第四种执行功能是激活和操纵长时记忆中的信息,当进行 $5+2=4+3$ 这样的判断时,就需要这种执行功能的参与。

不同于 Baddeley 的分类,Miyake 等(2000)通过结构方程建模提出,工作记忆具有三种相对独立的中央执行功能:转换(shifting)、刷新(updating)和抑制(inhibition)。[④] Friedman 等(2006)则进一步指出,刷新功能与高级认知活动之间的关系最为密切。[⑤] 所谓刷新,是指执行功能根据新呈现的信息不断修正工作记忆内容,从而保持与当前任务相关信息为最新的过程。Passolunghi 和 Pazzaglia(2005)研究了算术应用题成绩差和成绩好的小学生工作记忆刷新能

---

① 生成式加法运算任务和验证式加法运算任务是相较而言的,前者要求问题解决者生成问题答案,而后者要求问题解决者验证问题答案。

② Baddeley A D. Exploring the central executive. Quarterly Journal of Experimental Psychology,1996,1(1):5-28.

③ McLean J F,Hitch G J. Working memory impairments in children with specific arithmetic learning difficulties. Journal of Experimental Child Psychology,1999,74(3):240-260.

④ Miyake A,Friedman N P,Emerson M T,et al. The unity and diversity of executive functions and their contributions to complex "frontal lobe" tasks:A latent variable analysis. Cognitive Psychology,2000,41(1):49-100.

⑤ Friedman N P,Miyake A,Corley R P,et al. Not all executive functions are related to intelligence. Psychological Science,2006,17(2):172-179.

力的差异，发现算术应用题成绩差的小学生在刷新测验中回忆出的正确单词更少，而且犯了更多干扰错误。[①] 该研究说明，选择并刷新相关信息而抑制无关信息与问题解决密切相关。

Zhao 等(2013)以健康成年人为被试，采用自适应活动记忆训练任务，通过双盲对照实验设计，结合 ERPs 技术，探讨了工作记忆刷新功能训练对大脑活动的影响。结果表明，工作记忆训练影响大脑活动，而且这种影响很有可能在感知觉阶段就发生了。具体表现为，通过工作记忆训练，个体首先在视觉信息鉴别阶段，对刺激的识别能力增强，接着对无关信息的抑制能力和对当前目标刺激集中注意的能力增强，进而工作记忆中表征的更新能力得到提升。[②]

王明怡、陈英和(2006)运用双任务范式，以小学二年级学生为被试，考查了儿童工作记忆的中央执行系统对算术认知策略表现的影响。[③] 该研究的主任务是生成式加法运算任务(如 5＋9＝?)，次任务是随机间隔判断任务(要求被试对在随机时间间隔上产生的高音或低音进行判断，任务的执行会对中央执行产生干扰，但对语音环路和视空间模板影响较小)，并要求被试一边做加法题，一边进行随机间隔下的高低音判断。结果发现，中央执行成分对儿童算术认知策略的选择产生了针对性的影响。所有的外部策略(出声、唇动和手动策略)、支持性策略(掰手和心里数数策略)和猜测放弃策略都受到了干扰，而所有的常规策略(提取、竖式、分解和对位策略)和快捷策略(乘法、凑整、交换和组合策略)并未受到影响。中央执行的干扰使儿童算术认知策略执行的正确率下降、反应时增加。无论是简单任务还是复杂任务，中央执行的干扰都造成了策略整体执行效果的下降。

此外，Zheng 等(2011)研究了中央执行系统、语音环路、视空间模板三个子成分对小学生数学应用题解答准确性的影响。他们采用一套测验评估问题解决的准确性、过程、工作记忆、阅读技能和数学计算熟练性。结构方程模型分析表明，所有三个工作记忆成分均显著预测问题解决准确性，阅读技能和计算熟练性在中央执行系统和语音环路对解答准确性的预测中起中介作用，视空间模

① Passolunghi M C, Pazzaglia F. A comparison of updating processes in children good or poor in arithmetic word problem-solving. Learning and Individual Differences, 2005, 15(4): 257-269.

② Zhao X, Zhou R, Fu L. Working memory updating function training influenced brain activity. PLos One, 2013, 8(8): e71063.

③ 王明怡, 陈英和. 工作记忆中央执行对儿童算术认知策略的影响. 心理发展与教育, 2006, 22(4): 24-28.

板对问题解决准确性的预测不因阅读技能和计算熟练性而改变。[1] 该研究结果支持工作记忆的三个子成分在预测问题解决准确性方面起着重要作用,但同时也指出在特定学业领域(阅读和数学)中获得的基本技能,可以在一定程度上弥补工作记忆对儿童解答数学应用题的局限。

# 三、实证研究 I:中央执行抑制能力、问题情境与难度对多位数减法估算的影响

工作记忆中的中央执行能力会对具体问题解决产生怎样的影响?实证研究 I 以中央执行抑制能力、问题情境和问题难度为自变量,以多位数减法估算的反应时和正确率为因变量,试图说明和解释这一点。[2]

## (一)问题提出

估算属于心算的一种,是个体未经精确计算只借助原有知识,对问题提出粗略答案的一种估计形式,是心算、数概念和计算技巧之间相互作用的过程。[3]它是个体解决实际生活问题的一种重要能力,涉及个体明了在什么情况下无法或不必准确计算,并应用相关策略给出近似的答案。

目前国内外对估算的研究主要集中在估算过程、估算策略、估算表现及其影响因素、估算能力发展以及估算教学等方面。自从工作记忆被引入数学认知研究领域以来,诸多研究发现工作记忆及其各子成分对数字计算、加工等有重要影响。[4] 工作记忆是一个对信息进行暂时性加工和储存的能量有限的系统,包括中央执行系统、语音环路、视空间模板和情景缓冲器四个子成分。[5][6] 其中,中央执行系统的功能类似于一个注意系统,负责指挥各种次级系统的活动。

① Zheng X，Swanson H L，Marcoulides G A. Working memory components as predictors of children's mathematical word problem solving. Journal of Experimental Child Psychology,2011,110(4):481-498.

② 张裕鼎,季雨竹,谭玉鑫. 中央执行抑制能力、问题情境与难度对减法估算的影响. 教育研究与实验,2017(2):86-90.

③ 司继伟. 小学儿童估算能力研究. 重庆:西南师范大学,2002:6-15.

④ 连四清,林崇德. 工作记忆在数学运算过程中的作用. 心理科学进展,2007,15(1):36-41.

⑤ Baddeley A D. Working memory:Looking back and looking forward. Nature Review Neuroscience,2003,4(10):829-839.

⑥ Baddeley A D. Working memory:Theories,models,and controversies. Annual Review of Psychology,2012,63(1):1-29.

多数研究者认为工作记忆的中央执行系统对算术认知具有重要作用。对大学生估算的研究发现,中央执行成分参与估算过程,影响估算的准确性,影响简单策略选择的适宜性,但不影响复杂策略选择的适宜性;中央执行负荷影响策略选择的适应性、策略选择的反应时和策略执行的反应时。[①②] 杨佳等同样以大学生为被试,运用双任务范式研究中央执行成分对估算表现的影响,发现估算过程需要中央执行成分的参与,增加中央执行成分负荷会导致估算准确性下降。[③]

根据 Baddeley 的研究,中央执行可以进一步分离为对双任务的协调、抑制无关信息的干扰、策略转换,以及对长时记忆中信息的保持和操纵这四种执行功能。[④] 其中,第二种执行功能是抑制无关信息的干扰,如多位数的运算需要在计算的不同阶段,选择性地注意运算的某一方面而忽略其他方面。[⑤] Bull 和 Scerif 的研究也表明,有必要在中央执行进一步分离的基础上深入探索各种执行功能在儿童算术认知中的作用,并发现抑制与转换功能的测量与儿童的数学能力显著相关。[⑥]

除工作记忆以外,研究者还探讨了其他因素对估算反应时、准确性和估算策略的影响。有研究发现,运算类型,即加、减、乘、除法,会影响估算策略的选择,成人在解决加法或乘法问题时较多使用提取策略,而在解决减法或除法问题时则较多使用程序性策略。[⑦] 在研究儿童或成人的加法估算时,很多研究者发现了"问题大小效应",即当问题中的运算数增大时,得出答案的反应时延长、

① 李颖慧.工作记忆中央执行成分对大学生估算的影响.济南:山东师范大学,2008:10-19.

② 司继伟,杨佳,贾国敬,等.中央执行负荷对成人估算策略运用的影响.心理学报,2012,44(11):1490-1500.

③ 杨佳,李颖慧,司继伟,等.工作记忆中央执行成分对估算表现的影响.心理学探新,2011,31(4):314-317.

④ Baddeley A D. Exploring the central executive. Quarterly Journal of Experimental Psychology,1996,1(1):5-28.

⑤ 周仁来,赵鑫.从无所不能的"小矮人"到成长中的巨人——工作记忆中央执行系统研究述评.西北师范大学学报:社会科学版,2010,47(5):82-89.

⑥ Bull R,Scerif G. Executive functioning as a predictor of children's mathematical ability:Inhibition,switching,and working memory. Developmental Neuropsychology,2001,19(3):273-293.

⑦ Campbell J I D,Xue Q. Cognitive arithmetic across cultures. Journal of Experimental Psychology,2001,130(2):295-315.

错误率增高。[①] 张云仙和司继伟探究了大学生的认知方式对其估算能力的影响,结果表明:除个别题型外,场独立型学生的估算成绩均显著好于场依存型学生。[②] 司继伟等研究了数学焦虑、问题情境对大学生乘法估算的影响,结果发现数学焦虑在纯数字与应用题两种情境下都对估算有显著影响,情境对估算准确性影响显著,在应用题情境估算中发现明显的问题大小效应。[③]

综合以往研究发现,估算研究的运算类型主要集中在加法和乘法上,较少涉及减法、除法和更为抽象的代数运算;对估算者的个体差异(如工作记忆、年龄、知识背景、情感因素)和问题特征(如运算类型、问题情境、问题难度)这两类影响估算的因素缺乏整合性研究。为此,本研究旨在运用多因素混合实验设计,探讨个体差异和问题特征两方面因素对减法估算表现的影响。选取工作记忆中央执行系统抑制无关信息干扰的能力作为切入点,以 Stroop 效应量衡量这种抑制能力,划分高低抑制能力组,探究中央执行抑制能力(高、低)、问题情境(纯数字、应用题)与难度(简单、复杂)对多位数减法估算的影响。

本研究假设:在减法估算任务中需要中央执行成分的次级任务——抑制无关信息干扰能力的参与,中央执行抑制能力影响减法估算反应时和准确性;问题情境与问题难度影响减法估算反应时和准确性;问题情境与问题难度对减法估算表现的影响存在交互作用。

## (二)研究方法

### 1.被试

某省属高校本科生 88 名(男生 24 名,女生 64 名)。所有被试均接受计算机化经典 Stroop 效应范式测验,筛选 Stroop 效应量距离平均数正负 0.5 个标准差以外的被试作为中央执行高抑制能力组与中央执行低抑制能力组,最终得到有效被试 36 名。其中男生 7 名,女生 29 名;中央执行高抑制能力组 23 名,中央执行低抑制能力组 13 名,年龄在 18～23 岁之间($M=21.17, SD=1.07$)。被试均为右利手,裸眼视力或矫正视力正常,无色盲色弱。所有被试均自愿参加实验,实验结束后给予适量报酬。

① 田花,刘昌.加减法问题大小效应的加工机制.心理科学进展,2008,16(6):862-867.

② 张云仙,司继伟.大学生的认知方式对其估算能力的影响.西南大学学报:自然科学版,2007,32(3):168-171.

③ 司继伟,徐艳丽,刘效贞.数学焦虑、问题形式对乘法估算的影响.心理科学,2011,34(2):407-413.

## 2.实验设计

采用 2(中央执行抑制能力：高、低)×2(问题情境：纯数字、应用题)×2(问题难度：简单、复杂)混合实验设计。其中,中央执行抑制能力为组间变量,问题情境和问题难度为组内变量。

## 3.实验材料

(1)Stroop 效应实验材料。

采用 Psykey 心理软件系统中的经典 Stroop 效应范式作为实验材料,测量被试的中央执行抑制能力。实验要求被试完成 7 项任务,包括念字与唱色,记录被试在每项任务上的反应时。为避免可能存在的顺序效应和疲劳的影响,实验采用拉丁方设计。Stroop 效应量小即为抑制能力高,Stroop 效应量大即为抑制能力低。

(2)减法估算实验材料。

在问题情境方面,参照以往研究,编制了纯数字和应用题两类减法估算题,其中包括 20 道纯数字减法估算题和 10 道根据日常生活情境编制的减法估算应用题(附录 1)。问题难度主要通过借位来规定:如果运算过程中只需借位一次,界定为简单题(如 384－47,629－194);如果运算过程中需借位两次,则界定为复杂题(如 542－83,623－278)。纯数字和应用题两种问题情境中,简单题和复杂题的比例均为 1∶1。需要说明的是,经过预实验,发现两位数减两位数对大学生被试来说过于简单,被试几乎可以百分之百地报告出正确答案,即此时被试进行的是精算而非估算,故编制材料时采用了三位数减两位数和三位数减三位数的题目。将被减数和减数的位数作为控制变量,三位数减两位数和三位数减三位数的题目在简单纯数字题和复杂纯数字题中的比例均为 1∶1;在简单应用题和复杂应用题中的比例均为 2∶3,比例的恒定保证了被减数和减数的位数对简单题和复杂题造成的影响是等同的,不会与借位次数这一自变量所产生的效应相混淆。另外,为了检验中央执行抑制能力对减法估算的影响,应用题中还特别加入了干扰数字(即不应该纳入计算的数字),如"小明为后天的家庭聚会做准备,去超市买了 4 瓶啤酒、2 瓶果粒橙、4 袋饼干,随身携带了 237 元,购物总共花费 59 元,请问小明身上还剩多少钱?"

减法估算题目中数字筛选所控制的其他因素还有:题目与答案的各数位(个位、十位、百位)均不出现 0,以避免运算规则的使用;不同数位的同一个数字均不重复出现;所有题目的减数、被减数、答案的数值均不重复;已使用过的式子不再交换顺序使用,以避免出现练习效应。此外,应用题中的情境均为被试所熟悉,以避免理解偏差;排除高估、低估倾向过于明显的题目;所有应用题的题目长度基本保持一致。

所有估算题目编制完成后,纯数字题做成 120×40 像素、bmp 格式的图片,应用题做成 580×130 像素、bmp 格式的图片,供编制实验程序使用。

4．实验程序

实验在安静、温度适宜、照明适中的心理学专业实验室中进行,被试眼睛距显示器的距离约为 57cm。

在 Stroop 效应测试任务中,依据实验流程,要求被试念字或唱色,告知被试"'念字'就是读出某个字,'唱色'就是说出某个字的颜色,请认真看清每项任务的提示并进行相应的反应"。无论是念字任务还是唱色任务都要求被试大声地先从左至右,再从右至左一个一个地读出来。若中途出错则立即改正并继续。若两遍读完则按回车键或鼠标左键进入下一项任务。要求被试尽量做到既快又准确。

减法估算刺激呈现程序采用 E-Prime 1.1 软件编制。首先在电脑屏幕中央呈现一个红色"＋"号注视点,提醒被试开始实验并集中注意力于电脑屏幕中央。接着呈现一道计算题(纯数字题或应用题),请被试尽快地估计题目的答案,而非精确计算。纯数字题最长呈现时间为 2 秒,超过 2 秒则自动进入作答界面;应用题最长呈现时间为 10 秒,超过 10 秒则自动进入作答界面。进入作答界面后被试要尽快输入估计结果,输入答案完毕后立即按空格键进入下一题,最长作答时间为 8 秒,超过 8 秒则自动进入下一题。

减法估算练习阶段的程序由 2 道纯数字题和 2 道应用题组成,目的是让被试完全了解实验过程。练习可以反复进行,在被试完全熟悉实验程序后,开始正式实验。正式实验中使用 20 道纯数字题与 10 道应用题,与练习阶段的题目不重复。所有估算题目随机呈现。

5．数据处理

减法估算实验的准确性采用绝对百分误差计分,公式为:绝对误差百分数＝(｜估算值－精确值｜/精确值)×100%。百分误差越高,估算成绩越差;百分误差越低,估算成绩越好。反应时为从题目呈现到被试开始按键输入答案这一段时间。

对于 Stroop 效应实验中的每一项任务,电脑都会自动给出并记录被试从材料呈现到唱色或念字完毕的时间(总时间/2,即每念一遍所用时间)。以字义干扰唱色项的反应时减去纯色唱色项的反应时即为 Stroop 效应量。

使用 SPSS 13.0 对数据进行统计分析。由于被试在实验中的手误、对键盘操作不熟练、练习不够或者对误差的容忍度不高、力图得出正确答案却已来不及按键修改等，在被试的原始数据（估算结果）中出现了一些极端值。在正式统计分析前首先将这些数值检出，作为缺失值处理，然后以全体被试在各个减法估算题目上的平均值（即列平均数）代替这些缺失值。

## （三）结果与分析

### 1. 中央执行抑制能力、问题情境与难度对减法估算反应时的影响

表 3.2 列出了不同中央执行抑制能力被试在两种情境及两种难度下的估算反应时。经三因素重复测量方差分析发现，仅问题情境的主效应显著，$F(1,34)=1325.68$，$\eta^2=0.98$，$p<0.001$；问题难度的主效应不显著，$F(1,34)=0.04<1$，$\eta^2=0$，$p=0.843>0.05$；抑制能力的主效应也不显著，$F(1,34)=0.01<1$，$\eta^2=0.05$，$p=0.919>0.05$。三个因素的所有二重交互作用与三重交互作用均不显著。也即，回答应用题所需时间显著长于回答纯数字题所需时间，但在其他因素不同水平上反应时并未表现出显著差异。

表 3.2　不同抑制能力被试减法估算反应时的描述统计（$M \pm SD$，单位：ms）

| 抑制能力 | 纯数字 | | 应用题 | |
|---|---|---|---|---|
| | 简单 | 复杂 | 简单 | 复杂 |
| 高($n=23$) | 5500.28±1076.39 | 5386.00±1127.91 | 12291.32±1681.64 | 12309.39±1732.91 |
| 低($n=13$) | 5849.02±955.89 | 5980.21±724.04 | 12787.38±1030.91 | 12841.99±1465.03 |

### 2. 中央执行抑制能力、问题情境与难度对减法估算准确性的影响

表 3.3 列出了不同中央执行抑制能力被试在两种情境及两种难度下的估算百分比误差平均值和标准差，表 3.4 列出了不同问题情境和难度下所有被试减法估算百分比误差的平均值和标准差。经三因素重复测量方差分析发现，问题难度的主效应显著，$F(1,34)=14.41$，$\eta^2=0.30$，$p=0.001<0.01$，复杂题的总误差率显著高于简单题（表 3.4）；问题情境的主效应显著，$F(1,34)=13.73$，$\eta^2=0.29$，$p=0.001<0.01$，应用题的总误差率显著高于纯数字题（表 3.4）；中央执行抑制能力的主效应不显著，$F(1,34)=1.23$，$\eta^2=0.04$，$p=0.276>0.05$；问题难度与问题情境的二重交互作用显著，$F(1,34)=20.56$，$\eta^2=0.38$，$p<0.01$；其他二重交互作用均不显著；中央执行抑制能力、问题难度和问题情境的三重交互作用不显著，$F(1,34)=2.73$，$\eta^2=0.07$，$p=0.108>0.05$。

由于问题难度与问题情境存在二重交互作用,进一步进行简单效应分析,结果发现:在纯数字情境中,问题难度的主效应不显著,$F(1,34)=0.01<1$,$p=0.927>0.05$;在应用题情境中,问题难度的主效应显著,$F(1,34)=23.18$,$p<0.001$。即简单纯数字题的误差率与复杂纯数字题相当,简单应用题的误差率明显低于复杂应用题(表3.4)。此外,还可从另一方向进行简单效应检验,即固定问题难度考察问题情境的主效应,结果发现对于简单题,问题情境的主效应不显著;对于复杂题,问题情境的主效应显著。即简单纯数字题的误差率与简单应用题相当,复杂纯数字题的误差率明显低于复杂应用题(表3.4)。

表3.3　不同抑制能力被试减法估算百分比误差的描述统计($M\pm SD$,单位:%)

| 抑制能力 | 纯数字 | | 应用题 | |
|---|---|---|---|---|
| | 简单 | 复杂 | 简单 | 复杂 |
| 高($n=23$) | $9.72\pm10.18$ | $9.64\pm6.37$ | $9.29\pm9.21$ | $24.05\pm20.02$ |
| 低($n=13$) | $10.35\pm12.46$ | $10.88\pm6.23$ | $9.05\pm10.93$ | $40.26\pm33.97$ |

表3.4　不同问题情境和难度下被试减法估算百分比误差的描述统计($M\pm SD$,单位:%)

| 问题情境 | 问题难度 | | |
|---|---|---|---|
| | 简单 | 复杂 | 总误差率 |
| 纯数字 | $9.94\pm10.88$ | $10.09\pm6.26$ | $10.01\pm7.06$ |
| 应用题 | $9.20\pm9.71$ | $34.40\pm30.41$ | $21.80\pm16.22$ |
| 总误差率 | $9.57\pm9.31$ | $22.24\pm15.87$ | $15.91\pm9.51$ |

## (四)讨论

### 1.问题情境与问题难度对减法估算表现的影响

首先,本研究发现,问题情境无论是对减法估算的反应时还是对减法估算的准确性都有显著影响,符合研究假设。Sowder曾认为,提供情境既可能会减轻也可能会增加估算的难度。[①] 若情境题采用不常见的词语,会增加估算的困难;而加入情境也可能让学生更了解题目的意义。Gliner对师范生的研究结果

---

① Sowder J. Estimation and number sense. In Grouws D A. Handbook of research on mathematics teaching and learning. New York:Macmillan,1992:371-389.

支持了后一种认识。[①] 但其他研究却表明问题情境与估算表现之间的关系可能并非总是如此,而是要受到个体认知方式的调节,并且认知方式与抑制能力之间又有紧密联系。[②] 在本研究中,对于全体被试而言,应用题情境的设置增加了估算反应时并且使得被试的估算准确性下降,说明提供丰富的问题情境确实对估算产生了干扰。造成大学生在情境化估算任务(应用题)中表现不佳的原因可能在于:其一,被试在 10 秒钟的应用题呈现时间里要充分理解题意,是会体验到时间压力的;其二,应用题中插入的与估算无关的数字增加了题目的外在认知负荷(extraneous cognitive load),使被试在理解应用题各分句之间的关系时产生困难,尤其对中央执行抑制能力是一种考验;其三,现行学校教育背景强调在课堂中对纯数字题目作答或运用估计策略,所以被试更容易在纯数字情境中发挥其估算能力。大学生的认知灵活性已逐渐发展成熟,应该可以针对不同问题情境灵活选择并执行有关估计策略,但研究结果却不容乐观,这更加突显出估算研究的现实意义。毕竟,估算被更多地应用于日常生活中,对日常生活情境化任务的估计通常会影响个体许多重要的人生决策。

其次,本研究发现,问题难度这一因素对减法估算准确性有显著影响,这在一定程度上验证了"问题大小效应"的存在,符合研究假设。尽管被试估算简单问题和复杂问题的反应时没有显著差异,但误差率却出现显著差异。这可能与被试所采取的策略有关,当被试的减法估算自我效能感较高时,会倾向于更快地完成估算任务却忽略了估算的准确性,即选择一种"速度优先"策略。同时,这一结果也证明了本研究减法估算题目材料设计的合理性和有效性,借位可能是衡量减法估算题目难度的一个良好标准,借两位的题目比借一位的题目需要更多的认知加工(内在认知负荷更大),被试在工作记忆中需要保存更多的中间信息,尽管在反应时上未体现出显著差异,但显著影响了被试作答的准确性。

再次,问题情境与问题难度的交互作用进一步印证了上述观点。在纯数字情境中,被试作答较简单和较复杂题目的准确性没有差异,然而在应用题情境中,回答较复杂题目的准确性显著低于较简单题目。这说明相较于应用题情境,被试在纯数字估算情境下可以在有限的时间内动用足够多的资源进行减法估算,近乎自动加工,并可以根据题目难度不同调整策略,问题难度对准确性影响较小。而在应用题情境下,由于情境因素的干扰,当被试回答较复杂问题时

① Gliner G S. Factors contributing to success in mathematical estimation in preservice teachers: Types of problem and previous mathematical experience. Educational Studies in Mathematics,1991,22(6):595-606.

② 祁禄,梁惠英. 个体认知方式对 Stroop 效应的影响. 重庆科技学院学报:自然科学版,2008,10(2):155-157.

将占用更多工作记忆资源,导致准确性降低,真实情境下的减法估算表现要差于纯数字情境。

### 2.中央执行抑制能力对减法估算表现的影响

被试工作记忆的中央执行抑制能力对估算的影响未能验证研究假设。以往研究表明工作记忆的中央执行成分参与估算活动,但关于中央执行四种次级任务对估算表现影响的探讨不够深入。本书假设其中一项次级任务——抑制无关信息干扰的能力对估算表现产生影响,但实验结果却显示并非如此。无论在反应时或是准确性上,中央执行抑制能力因素的主效应、与其他因素的交互作用均不显著,这种不显著可能是由多种原因导致的。第一,划分高低抑制能力组的标准可能过于宽松,如果标准更严格,如在正负 1 个标准差之外,中央执行抑制能力的主效应可能会显著。第二,无论是在反应时还是在准确性方面,通过描述统计量显示出的被试成绩的离散程度是很大的,应适当增加被试数量,保证高低抑制能力组人数相当且男女平衡。第三,Stroop 效应量测量的实验材料与程序有待完善,可以尝试使用数字的 Stroop 效应变式来测量被试抑制无关数字干扰的能力,使其更加适用于算术估算的研究。基于上述原因,个体工作记忆的中央执行抑制能力是否对估算产生影响,还需要进一步的研究。

### (五)结论

本研究得出如下结论:

(1)问题情境既影响减法估算的反应时,又影响其准确性。

(2)问题难度不影响减法估算的反应时,仅影响其准确性,在一定程度上验证了"问题大小效应"。

(3)问题情境和问题难度在减法估算准确性上的交互作用显著。在纯数字情境中,问题难度的主效应不显著;在应用题情境中,问题难度的主效应显著。

# 第四章　心理模型与问题解决

本章首先简要回顾了心理模型的发展历程,厘清了心理模型的实质,并介绍了心理模型的探查技术。然后,剖析了心理模型对问题解决过程中的问题表征和问题推理的影响。最后,通过两项实证研究深入探讨领域知识、心理模型与问题解决策略选择及迁移的关系。

## 一、心理模型及其探查技术

我们如何思维?答案之一是我们依赖于心理模型。知觉可以产出我们身处的外部世界的模型,对话语的理解也可以构建说话者向我们描述的世界的模型。思维让我们能够预测外部世界并选择恰当的行动,而它正是依赖于对这些心理模型的操作。然而,心理模型是什么?如何探查学习者的心理模型?对这些问题的回答,是探索心理模型对问题解决影响的基础和前提。

### (一)心理模型的源起

苏格兰心理学家 Kenneth Craik 于 1943 年首次提出了心理模型(mental models)这一概念。他在《解释的实质》一书中写道:

> 如果有机体拥有一个"小尺寸模型",而且这个模型是有关外部现实和自己在头脑中的可能行动的,那么它可以尝试各种选择,推断出哪种行动是最好的,并在行动前对未来情境作出反应,利用有关过去事件的知识来应对当前和将来,还可以以一种更为完善、安全和更能胜任的方式来应对所面临的紧急事件。[①]

---

① Craik K. The nature of explanation. Cambridge:Cambridge University Press,1943.

在 Craik 看来,思维可以通过建构一些现实的小尺寸模型来预测事件,对其作出推理、解释并对外部现实作出反应。Craik 还认为,有关外部世界的内在模仿过程可由一些机械装置实现,就像物理学家 Kelvin 用潮汐预测器模拟潮涨潮落一样。事实上,一些早前的思想家已经预知了他的观点(Johnson-Laird,2003)。① 19 世纪的物理学家,包括 Kelvin、Boltzmann 和 Maxwell 在内,都十分强调模型在思维中的作用。直到 20 世纪,随着量子理论的出现,物理学家们才开始淡化模型观点。

心理模型理论的一个基本原理是,心理模型的各部分及其结构性联系与它们所表征的东西相对应。很多先驱都持有这种观点。它出现在 Maxwell 关于图表的观点中,出现在 Wittgenstein 的意义"释图"理论中,出现在 Kohler 有关人脑和世界同构的假设中。然而,19 世纪的模型理论肇始者是 Charles Sanders Peirce。

Peirce 构造了一个谓词演算逻辑系统,它以一种形式语言来管理句子,这种语言包含理想化的否定形式、诸如"和""或"等句子连词以及诸如"所有""一些"等量词。Peirce 设计出了两种图解推理系统,但不是为了改进推理,而是为了显示出它的潜在心理步骤(Johnson-Laird,2002)。② 他写道:

> 演绎是一种推理方式,它检验前提中所宣称的事物的状态,形成一个有关那种事物状态的图解,觉察到在前提中没有明确提及的图解各部分的联系,并通过对图解的心理实验使自身得到确认,而图解各部分的联系将会一直存在于图解中,或至少在某些情况下一直存在于图解中,最后得出必然的或可能的事实。

图解可以是符号化(iconic)的,换言之,它们与其所表征的东西具有相同的结构,是对符号化图解而不是对前提的检验才可以揭示出事实。因此,Peirce 先于其他人提出了模型理论,并指出心理模型应尽可能地符号化(Johnson-Laird,1983)。③

心理模型研究在认知科学中的复兴始于 20 世纪 70 年代。一些理论家主张知识是以心理模型表征的,但他们并未指出知识到底对应于哪种特定的模型

---

① Johnson-Laird P N, Hasson U. Counterexamples in sentential reasoning. Memory, Cognition,2003,31(7):1105-1113.

② Johnson-Laird P N, Byrne R M J. Conditionals:A theory of meaning pragmatics,and inference. Psychological Review,2002,109(4):646-678.

③ Johnson-Laird P N. Mental models:Towards a cognitive science of language, inference and consciousness. Cambridge:Cambridge University Press,1983.

结构。Hayes(1979)使用了谓词演算系统来描述朴素的流体物理学原理。[①] 另有一些人工智能理论家对于怎样建立模型或使用模型来模拟行为进行了说明(De Kleer,1977)。[②] 而20世纪80年代两部名为《心理模型》的著作问世，奠定了心理模型研究的两条路径：一是以Johnson-Laird为代表，研究工作记忆中的心理模型；二是以Gentner为代表，研究长时记忆中心理模型。尽管两种研究路径的侧重点不同，但各具特色，并日益呈现出相互融合的发展态势。

目前，心理模型的研究正日趋丰富、多元。心理学家分析了多个不同领域如机械学(McCloskey,Caramazza,Green,1980)和电学(Gentner,1983)中的新手与专家模型。[③④] 研究者指出，视觉会产生有关世界三维结构的心理模型，个体使用这些模型来模拟行为。研究者还探讨了心理模型如何随着年龄而发展、心理模型怎样作为问题解决的类比物以及心理模型怎样有助于诊断错误等。他们还提议，人工制品应当被更好地设计，以便使用者易于获取关于它们的心理模型(Moray,1999)。[⑤] 还有一些学者试图架起工作记忆和长时记忆中心理模型的沟通之桥，指出长时记忆中的因果心理模型能够影响工作记忆中的表征(Schwartz,Black,1996)。[⑥]

总之，自从1943年Craik首次提出心理模型的概念以来，有关心理模型的研究大量涌现，已然成为认知科学领域的一大研究热点，并为教育教学实践活动带来了诸多深刻启示和有价值的指导。

## (二)心理模型的实质

虽然"心理模型"这一术语一直被广泛使用，但要给出一个能够适合每一情境的定义却并不容易。这在一定程度上与上文提及的心理模型的两条不同研

① Hayes P J. Naive physics I: Ontology for Liquids. Readings in Cognitive Science, 1988:251-269.

② De Kleer J. Multiple representations of knowledge in a mechanics problem-solver. International Joint Conference on Artificial Intelligence,1977:299-304.

③ McCloskey M,Caramazza A,Green B. Curvilinear motion in the absence of external forces:Naive beliefs about the motions of objects. Science,1980,210(4474):1139-1141.

④ Gentner D. Structure-mapping: A theoretical framework for analogy. Cognitive Science,1983,7(2):155-170.

⑤ Moray N. Mental models in theory and practice. In Gopher D, Koriat A. Cognitive regulation of performance:Interaction of theory and application. Cambridge,MA:MIT Press, 1999:223-258.

⑥ Schwartz D L,Black J B. Shuttling between depictive models and abstract rules:Induction and fallback. Cognitive Science,1996,20(4):457-497.

究路线有关。

一条研究路线以 Johnson-Laird 为代表,关注短暂的工作记忆任务,常常使用知识相对贫乏的推论来研究心理模型。他们认为心理模型是在工作记忆中建构起来的,是知觉、言语理解或想象的结果,其重要特征就是心理模型的结构与其所表征的事物结构相一致。Johnson-Laird(1983)曾提出三种类型的心理表征:命题表征,是与人类自然语言相对应的信息块;心理模型,是有关世界的结构性类比;心理表象,是从某一特定视角出发的模型的知觉相关方面。[①] 其中,命题表征为心理模型的创建提供了原材料,但以命题表征编码的信息难以记忆或进行推论等操作,因此命题表征需要与心理模型相整合,被匹配至心理模型之中去。

另一条研究路线以 Gentner 为代表,把心理模型视为长时记忆中知识的表征,并以此作为解释、推论和预测的基础。Rouse 和 Morris(1986)曾提出一个较为简明的心理模型定义:"心理模型是一种机制,借助这种机制,人类可以创造出对系统目的和形式的描述、对系统功能和所观察到的系统状态的解释以及对未来系统状态的预知。"比如,如果一杯水不小心被打翻在桌上,人们很快就能在思维(头脑)中模拟出随后要发生的事件,即水经由杯子倒下的方向流出,然后慢慢扩散至桌沿,并逐渐流到地上。人们只有具备了与真实世界相对应的心理模型,才能对相关事件作出合理的推论和预测。

虽然,Johnson-Laird 把心理模型视为独立于命题和表象表征之外的一种独立的表征形式,可能更接近于心理模型在人类推理研究中最常被使用的含义,但事实上心理模型也可能包含表象或命题的成分。Rips(1986)指出,如果心理模型被看作一组独特的表征,那么会导致一些问题。似乎更合理的是,把心理模型界定为一个过程,而这个过程可以利用一种或多种表征。这可在一定程度上规避心理模型表征与其他表征的争议问题。

那么,究竟什么是心理模型? 阐明一种心理模型的定义,既与 Johnson-Laird 的取向和 Gentner 的言论一致,又能避免心理模型不涵盖命题或表象表征,似乎是可能的。我们发现,无论是工作记忆中的心理模型,还是长时记忆中的心理模型,都可以被视为某种心理表征,它们共同关注的是建构人们对于问题或外部世界的理解。因此,可以将心理模型界定如下:心理模型是在解决某个问题时能起作用的心理表征,它可能是命题、表象或有关世界的结构性类比的任意组合,它能够为推理等心理操作提供内容和载体。

---

① Johnson-Laird P N. Mental models:Towards a cognitive science of language,inference and consciousness. Cambridge:Cambridge University Press,1983.

需要指出的是,心理模型常常是不完备的,当然这不是一个必然的特性,因为追求一个完备且精确的心理模型也是可能的。心理模型含有语义成分,而且反映了个体的知识、经验和目标,但并不是所有这些都会体现在个体建构的心理模型中。就问题解决而言,心理模型反映了问题解决者对问题情境的理解和表征。进一步而言,在心理模型建构的过程中,问题解决者能够从记忆中检索与特定情境相关联的信息,将其映射到当前的问题情境中,即将长时记忆中的先备知识提取(类比迁移)至工作记忆中加以应用。

### (三)心理模型的探查技术

心理模型在推论、解释和预测上起着非常重要的作用,但到目前为止尚没有任何一种方法能够准确地刻画出心理模型。目前研究者设计、开发了许多探查技术,来了解人们头脑中的心理模型。

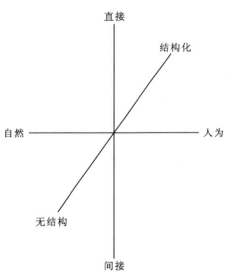

**图 4.1　心理模型探查技术的三个维度**

如图 4.1 所示,心理模型的探查技术大致可分为三个维度:一是要探查的心理模型是处于人为设定的情境中,还是处于自然情境中;二是所采用的方法是直接地依靠言语和图形描述出心理模型,还是间接地依靠其他途径推论出心理模型;三是所采用的方法是结构化的,还是无结构的。某些探查技术处于这三个维度的极端上,如自然观察和结构化访谈,而大多数探查技术则介于各个维度之间,如关键事件访谈、口语报告法等。

目前,这三个维度之下的心理模型的探查方法,大体上可分为访谈法和观察法,而这两种方法之下又有一些具体的技术。①

### 1.访谈法

访谈法是研究者通过与研究对象的交谈来搜集有关对方心理特征与行为的数据资料的研究方法。在心理模型的研究中,访谈法使用得非常普遍,它既可以是结构化的,也可以是无结构的;既可以是直接的,也可以是间接的。访谈

---

① 杜伟宇.心理模型及其探查技术的研究.心理科学,2004,27(6):1473-1476.

法要求参与者追述过去的经验,从记忆中提取信息,要求研究者以文字、音频、视频等形式记录访谈内容,以方便随后的分析。就结构而言,访谈法可分为无结构访谈和结构化访谈。

无结构访谈是一种自由形式的访谈,在访谈过程中没有预先安排访谈题目,访谈题目包含在访谈过程中。一般来说,无结构访谈用于实验设计过程的早期阶段,以获得一些背景信息,如获得在某一领域中所使用的术语,了解被试所参与的任务类型等。

结构化访谈是按照预先安排的顺序进行的,可以比较系统地考察某一领域或主题。它包含多种技术,如焦点讨论(围绕着某一主题或领域讨论)、案例分析(围绕着具体的经验进行分析)、情景模拟(展示模拟的情景,并对此集中讨论)、关键事件访谈(以重要性选择案例,进行访谈)和教学反馈(被试给探查者作出解释)等。

在访谈过程中,人们经常使用概念图技术,它是针对心理过程创建的图形表征。概念图既可以表征陈述性知识,又可以表征程序性知识(如流程图);既可以由被试创建,又可以由实验者根据访谈记录创建。但是,由被试创建的概念图容易受被试本身画图能力的影响。Kuhlthan 等通过让被试画出一些信息搜索过程的流程图来建构概念图,他们发现虽然被试能够创建流程图,并以此描述出自己的搜索过程,但建构图形的过程会受到一些变量的影响(调节),其中包括被试画流程图的能力。当然,最后的流程图也确实能够揭示被试持有的正确或错误的心理模型。[1]

## 2. 观察法

观察法是在一定时间内对特定行为表现或活动进行考察,它可用于揭示问题解决过程中没有意识到的策略,研究动作技能和自动化程序,揭示特定领域的任务和对这些任务所做的限定,揭示完成某一特定任务所需的信息和知识,佐证从访谈中获取的自我报告。在某一情境中被试的行为和事件可以采用多种方法记录下来,作为随后分析的依据。然而,在观察中记录下来的数据可能难以解释,并且观察者的表现也可能潜在地影响被试的行为。在观察法中有如下具体的技术。

(1)对话分析(discourse analysis)已成功地用于获取有关问题解决的知识和策略。在使用这种方法时,要记录真实生活中的信息互动,并且随后誊写,进

---

① Kuhlthau C C, Belvin R J, George M W. Flowcharting the information search: A method for eliciting users' mental maps. In Proceedings of the 52nd ASIS Annual Meeting. Medford, NJ: Learned Information, 1989: 162-165.

行分析，被试的每一个表述都要分析和编码，以此来揭示出它所属的功能种类：它的目的，表述它所需的知识，以及它出现的位置。Belkin 等成功地使用这项技术，指导智能文件提取系统的设计。①

（2）实验者在观察被试的问题解决过程时，常让其出声思维（think aloud），通过口语记录分析探查被试的预期、意图和问题解决的策略。研究者可以使用各种媒介来捕捉被试的口语报告，如纸笔记录、录音带、录音笔、录像等。有学者探讨了口语记录分析存在的问题，认为口语报告不自然，因为研究者迫使被试在某一情境下讲话，在这种情境下被试不能像平时一样。该技术虽然有一定的局限性，但仍博得许多研究者的青睐，它的优点就是与正在研究中的活动同时发生，并且随后可深入分析。正如笔者在本书中（第二章）所论证的那样，口语报告法可以作为一种研究问题解决的合理、有效的方法。有研究者采用口语报告技术，研究公共图书管理员的知识结构和为了满足各种使用者的信息需要所使用的程序步骤。②

（3）激发回忆（stimulated recall）也是一种探查技术，在探查过程中实验者记录被试的活动（可使用事项登记簿或视频记录设备），并且在被试重新回忆记录的活动时要求其解释当时的行为。

（4）认知任务分析（cognitive task analysis）是一种对个体执行某项任务（如决策、问题解决、记忆、注意、判断等）时所需要的多种具体认知活动进行分解的技术。它可以帮助获取个体解决问题所需要的知识、思维过程和目标结构，详尽地分析个体的工作流程，并把这些提供给实验者。认知任务分析可将各种访谈法和观察法结合起来使用，通过揭示有效执行某一任务必备的认知技能来支持被试决策和问题解决过程。建构任务图、执行知识监测、进行模拟访谈都是常用的技术，任务图能揭示出各任务成分所需的认知技能，知识监测能探查出完成某一任务所需的知识和专长，模拟访谈能获得专家对问题解决过程的理解。

综上，虽然心理模型研究的两条路径分属工作记忆和长时记忆，但两者并不是毫无关联、泾渭分明的。未来的研究将会继续整合这两条研究路径，打通两种心理模型之间的沟通渠道，把分属不同记忆的两种心理模型联系起来，尤其是将工作记忆中的心理模型与知识富集的长时记忆中的心理模型的探查方法结合起来。Schwartz 等的研究表明，长时记忆中的因果心理模型能影响工作

① Belkin N J，Brooks H M，Daniels P J. Knowledge elicitation using discourse analysis. International Journal of Man-Machine Studies，1987，27（2）：127-144.

② Ingwersen P. Search procedures in the library-analysed from the cognitive point of view. Journal of Documentation，1982，38（3）：165-191.

记忆的表征。① 鉴于此,今后研究者应整合不同的研究技术,在不同层次上,从不同侧面,较为精准地探查心理模型,多种探查技术的整合使用将是心理模型研究方法的发展趋向。有学者已在这方面做了一些工作,比如,Chi 等将画图、定义名词、回答问题、言语分析多项技术整合起来,准确、细致而动态地刻画出被试的心理模型。②③④

## 二、心理模型对问题解决的影响

不言而喻,心理模型可以促进或阻碍问题解决。Gentner(1983)曾做了一个有趣的实验,发现那些把电流比喻为流水的人,比起那些把电流比喻为拥挤流动的人群的人来说,更易于精确地解决某些问题。相反,后一组人的流动人群模型对解决其他类型问题却颇有启发。⑤ 可以说,不同的心理模型反映出了不同的问题表征和推理过程,同时预示了不同的问题解决策略,从而导致问题解决效果存在较显著的差异。在此,拟就心理模型与问题解决过程中表征和推理的关系进行探讨。

### (一)心理模型对问题表征的影响

前已述及,心理模型是一种特殊的包含命题表征和表象表征在内的综合性表征形式。心理模型可以用来生成有关环境的预期,并能够限制在问题解决中采取的行为、策略和程序(Halford,1993)。⑥ Simon 和 Hayes(1977)也曾指出,理解一个任务就是要对问题空间以及在问题空间内从一个状态转移到另一个

① Schwartz D L,Black J B. Analog imagery in mental model reasoning:Depictive models. Cognitive Psychology,1996,30(2):154-219.

② Chi M T H,Leeuw N,Chiu M H,et al. Eliciting self-explanations improves understanding. Cognitive Science,1994,18(3):439-477.

③ Chi M T H. Self-explaining expository texts:The dual processes of generating inferences and repairing mental models. In Glaser R. Advances in instructional psychology. Hillsdale,NJ:Lawrence Erlbaum Associates,2000:161-238.

④ Chi M T H,Siler S,Jeong H,et al. Learning from tutoring. Cognitive Science,2001,25:471-533.

⑤ Gentner D,Gentner D R. Flowing waters or teeming crowds:Mental models of electricity. In Gentner D, Stevens A L. Mental models. Hillsdale,NJ:Erlbaum,1983.

⑥ Halford G S. Children's understanding:The developmental of mental models. Hillsdale,NJ:Erlbaum,1993.

状态的一组算子有一个内在的表征。[①] 因此,心理模型的适切性对问题的解决至关重要。从以下实例中也可发现这一点。

首先,可以回顾一下第二章中的"火车与鸟"的问题:两个火车站相距 50 英里,两列火车以 25 英里/小时的速度,同时从两个火车站出发相对行驶,一只鸟在两列火车开动的那一刻,以 100 英里/小时的速度,在两列火车的车头之间来回飞行,直至两列火车相遇,求在两列火车相遇时这只鸟的飞行距离。在第二章中,图 2.3 和图 2.4 显示出了对这一问题的两种不同心理表征,意味着两种截然不同的问题解决策略。图 2.3 呈现的是从鸟的角度出发来求解鸟飞行的路程,需要求出每一次鸟从一列火车飞向另一列火车时所飞行的路程,然后进行合计。这会使解决问题变得相当困难,它需要问题解决者列出一组微分方程。图 2.4 呈现的则是从火车的角度出发来求解鸟飞行的路程。这样,可将原来的问题转化为一个相对容易的"距离-速度-时间"问题,只需找出两列火车相遇所需的时间。因为两列火车都是以每小时 25 英里的速度缓慢行驶,而两个火车站相距 50 英里,所以它们恰好在分别行驶 25 英里即 1 小时后相遇。现在问题就变成了:如果一只鸟以 100 英里/小时的速度飞行,那么在 1 小时内它飞了多远? 答案显而易见,就是 100 英里。

其次,再来看一下由 Wertheimer 始创并经 Humphrey(1951)探讨过的格式塔面积问题。[②]

如图 4.2 所示,图形 ABCD 是一个正方形,且 $AP = CQ$。问题是:求出正方形 ABCD 加上平行四边形 APCQ 后的总面积。根据格式塔心理学,必要的一步是要了解:问题可以被表征为两个三角形 PDC 和 AQB。这两个三角形的面积总和就是所求的面积,所以答案是 $PD \times AB$。可见,解决这一问题的关键在于,正确的心理模型能在多大程度上被采用。如果不能将原来的面积问题表征重构为两个三角形面积之和,那么问题就难以得到很好的解决。

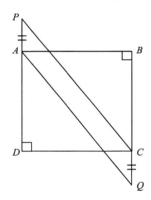

**图 4.2 格式塔面积问题**

① Simon H A,Hayes J R. Psychological differences among problem isomorphs. In Castelan N J,Pisoni D B,Potts G R. Cognitive theory,Vol. 2. Hillsdale,NJ:Erlbaum,1977.

② Halford G S. Children's understanding:The developmental of mental models. Hillsdale,NJ:Erlbaum,1993.

最后,心理模型对问题解决的适切性,还反映在 McCloskey 所调查过的一个有关运动定律的问题上,如图 4.3 所示。[①] 被试是学生,被要求说出当导弹从飞机上投下后,忽略空气的阻力,导弹将会落在何处。

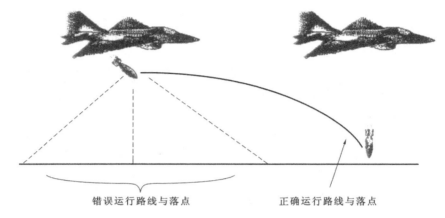

错误运行路线与落点　　　　　　　正确运行路线与落点

**图 4.3　运动定律问题**

该题的正确答案是,导弹将沿抛物线飞行一段路径,然后撞击地面。但还是有很多学生提交了不正确的答案,这些错误的出现主要是源于学生有关运动的不当心理模型。一些学生甚至在学完力学课程后仍然错误地认为,一个物体之所以移动是因为它受到了一个"推动力"来促使其移动,且这个推动力会随着时间的流逝而消失。据此,在这个实例中,导弹受到推动力离开飞机,但当它离开飞机时便失去了推动力。这就导致了各种各样的错误答案,如导弹落在发射点和在导弹撞击地面时飞机已飞到的地点之间,导弹会垂直落下,甚至认为导弹会落在它的发射点之后。经验研究表明,即使是一些已经通过了考试的学生,也不一定能理解该问题所例证的牛顿力学原理。

可见,一个适当的心理模型可以有效地表征问题,从而促进问题顺利得到解决;而一个不适当的心理模型可能会使问题解决复杂化,甚至走进死胡同。问题解决过程中心理模型对问题的表征通常能决定问题的难度,即使复杂的表征也能解决问题,但还是希望问题解决者能够构建更优化的心理模型,从而更高效地解决问题。

① Halford G S. Children's understanding：The developmental of mental models. Hillsdale,NJ：Erlbaum,1993.

### (二)心理模型对问题推理的影响

Craik 在 1943 年提出的有关心理模型的观点是富有远见的,然而也是较为粗略的。有关工作记忆中的推理依赖于心理模型的理论是继 Craik 的著作问世 40 多年后才出现的。这一理论最初是由 Johnson-Laird(1999)和 Byrne(1991) 提出的,此外还有一些心理学家进一步丰富、完善了这一理论(Evans,1993; Garnham,Oakhill,1994;Polk,Newell,1995;Richardson,Ormerod,1997)。[①]

推理存在两种形式,即演绎和归纳。一般而言,人们常常认为演绎是从一般到特殊,而归纳则是从特殊到一般。实际上,这种定义是相当狭隘的。演绎也可以从特殊到特殊,从一般到一般。归纳也是如此。两者之间的区别在于,如果演绎是有效的,那么它不能超出给定的信息,而归纳却可以超出给定的信息。正是因为如此,即使归纳的前提是真的,归纳的结论也可能是假的。

### 1. 心理模型与演绎推理

演绎推理旨在产生有效的推论,也就是说,如果演绎的前提是正确的,那么其结论就一定是正确的。比如,可以思考下面的推理过程:

> 小李在北京或小王在上海。
> 但小李不在北京。
> 因此,小王在上海。

如果前提是正确的,结论也是正确的,那么推论才是有效的。有效性可以确保真实性。当然,如果前提是假的,那么所有的可能性都不存在。新手,也就是没有接受过逻辑训练的人,也可能得出这一推论。但在此我们有必要先来思考此例中演绎推理的模型。推理者可以设想与第一个前提相容的三种可能性:

> (小李在北京)
> (小王在上海)
> (小李在北京)(小王在上海)

第二个前提("但小李不在北京")消除了以上的第一个和第三个模型,所以仅仅保留了第二个模型。这个模型也就得出了结论,即"小王在上海"。这是有效的,因为它在本例中与所有前提相容。

---

① Johnson-Laird P N. Reasoning:formal rules vs. mental models. In Sternberg R J. Conceptual issues in psychology. Cambridge,MA:MIT Press,1999.

再如,试着思考下面的推理过程:

> 小李在北京或小王在上海。
> 小李在北京。
> 因此,小王不在上海。

该结论是无效的。推理者可以确信结论无效的另一种方式是设想一个反例。也就是说,推理者可以设想一个模型,在该模型中,前提是真的,但结论是假的。第三个析取模型就是一个反例:

> (小李在北京)(小王在上海)

它与前面两个前提相容,但与推断出的结论不符。一些新手也确实是通过建构反例来反驳推论的。

模型理论可以针对演绎推理得出多种预测。比如,如果前提涉及的仅是单个个体,那么就很容易得出先前的那种推论。

> 小李在北京或他在上海。
> 小李不在北京。
> 因此,小李在上海。

在这一实例中,每个人都知道一个人是不可能同时待在两个地方的,所以只存在两种简单的可能性,这可以用非常清楚的方式来予以表征:

> (小李在北京)(上海)
> (北京)(小李在上海)

在这里,第一个模型表示小李在北京但不在上海,第二个模型表示小李在上海不在北京。这样,可以更为精确和快速地得出这些推论。

模型理论也可以通过增加推论所需的心理模型的数量而增加演绎推理的难度。在头脑中保留的心理模型数量越多,在工作记忆中得出结论所花的时间就越长,也就越可能因遗漏了某个模型而犯错。所幸的是,预测也可以因各种各样的推理而变得更加确定,这些推理包括基于诸如"在前面"和"以后"的空间和时间推理,也包括基于"如果"和"或"的推理以及基于"所有"和"一些"的推理。可见,心理模型有助于准确、快速地作出推理,而推理技能的锤炼也可在一定程度上确保心理模型对问题解决的结论预测的精确性。两者的良性互动有助于问题得到合理的解决。

## 2. 心理模型与归纳推理

在日常生活中,有很多推理都是归纳性的,并建立在知识和经验的基础之上。但正如两位先驱者 Kahneman 和 Tversky 所表明的，许多启发式限制了知识的归纳性使用。他们指出，人们在解决问题（决策或判断）时常用的启发式包括可得性启发式（availability heuristic）和代表性启发式（representativeness heuristic）。前者是指人们倾向于根据客体或事件在知觉或记忆中的可得性程度来评估其出现的概率，容易知觉到或回忆起的客体或事件被判定为更常出现，归纳是由相关知识的相对可得性塑造的（Tversky，Kahneman，1973）①。一个刚刚经历了地震的人买房子会更关心房子能抗几级地震，而一个不久前刚遭遇亲人去世的人会更愿意去买医疗保险，正是可得性启发式在起作用。代表性启发式是指，当面对不确定的事件时，我们往往基于其与过去经验的相似性（是否具备某一范畴的代表性特征）来预测它当前发生的可能性，归纳建立在证据的代表性的基础之上。

归纳推理可以是快速的、不随意的和外在于意识的（内隐归纳），也可以是缓慢的、随意的和意识之内的（外显归纳）。内隐归纳和外显归纳的区别至少可以追溯到 Pascal（1966），并经由 Johnson-Laird 和 Wason（1977）加以发扬光大。② 然而，隐藏在内隐归纳中的机制到底是什么呢？模型理论假定，内隐归纳建立在单一心理模型的构建上，内隐系统不会尝试去搜寻另外的模型，除非这一模型与所提供的证据不符（Johnson-Laird，1983）。③ 因此，这一过程是快速的，并与那些每次只需要单一心理表征的任意认知技能一样可以达到自动化。比如，思考以下这段陈述：

> The pilot put the plane into a stall just before landing on the strip. He just got it out of it in time，but it was a fluke.

读者可以很容易地理解这一段落，但第一句中的名词和动词却是语义不明的④。要为句中三次出现过的代词"it"找到合适的指代物，即使最先进的自然语言计算机翻译程序也会被难住。人们容易理解这一段落，是因为他们可以使用一般知识来构建一个单一的心理模型。这个模型与这一段落的其他解释是不相容的，虽然这些解释可能不是真的，模型也可能是错的。比如，一

---

① Tversky A，Kahneman D. Availability：A heuristic for judging frequency and probability. Cognitive Psychology，1973，5(2)：207-232.

② Johnson-Laird P N，Wason P C. Thinking. Cambridge：Cambridge University Press，1977.

③ Johnson-Laird P N. Mental models：Towards a cognitive science of language，inference and consciousness. Cambridge：Cambridge University Press，1983.

④ pilot 有"飞行员、引航员、向导"等多种释义，plane 有"飞机、平面、木工刨"等多种释义，而 stall 也有"小隔间、畜栏、货摊"等多种释义。

种解释可能是,引航员(舵手)在将船靠岸之前,把一个木工刨放进了船舱。因此,内隐推理缺乏对有效性的监管。它们是归纳性的,而不是演绎性的。但内隐系统并不是与演绎机制截然割裂的。通常,两个系统是一前一后共同开展工作的。

模型理论还假定,外显归纳在于向心理模型添加信息,有时会排除(或遗漏)一个可能的模型。比如,假如你把车停在马路上,当你回来时却发现一个车轮被大夹锁锁住了,然后在挡风玻璃上一张罚单告诉你要去哪里交罚款,才能解开车轮上的锁。你知道这种惩罚可能是因为你违反了一项交通法规。然而,是什么法规呢?或是违章停靠,或是违反了其他的驾驶禁令,抑或两者都有。然后你发现了路边的双黄线,推断出双黄线可能表示一个不能停车的区域,你违章停靠了。你的分析前提与以下三种可能性相一致。

(违章停靠)

        (驾驶禁令)

(违章停靠)    (驾驶禁令)

有关你认为自己违章停靠的推论,对应于第一种可能性。然而,第三种可能性表明,你也可能违反了其他的驾驶禁令。因此,你的结论超出了你的前提。然而,这看起来似乎是极有道理的。你可能把自己的结论建立在了一种未阐明的假设上,即你同时违反两种禁令的可能性是极小的。这一假设导致你忽略了一种可能性,所以你的结论可能是假的。这一点在前面已谈到,即使归纳的前提是真的,归纳的结论也可能是假的。归纳推理的缺陷在英国哲学家伯特兰·罗素关于"归纳主义者火鸡"的故事中得到了生动体现。

> 在火鸡饲养场里,有只聪明的火鸡发现每天上午9点主人就会喂食,作为一个卓越的归纳主义者,它并不马上得出结论,而是认真对上午9点喂食这个经验进行了大量观察,雨天和晴天,热天和冷天,星期三和星期四……经过了很多天的观察,这只火鸡归纳推理出了结论"主人总是在上午9点钟来喂食"。根据这个结论,它每天9点前准时来到喂食口,总能第一个吃到食物。
>
> 感恩节前夕的那天上午9点,这只火鸡又是第一个来到了喂食口,可等来的却不是食物,而是被主人拎走做了感恩节大餐,它通过归纳推理而得到的结论终于被无情地推翻了。

这个故事讨论的当然不是火鸡,而是嘲笑归纳主义者。科学始于观察,观察提供科学知识赖以确立的可靠基础,科学知识就是用归纳法从有限的观察陈述中推导出来的,而这种归纳法得出的结论未必是正确的,有时甚至是荒唐的。

科学结论并不总是绝对正确的,这源于人类认知的局限性,其实无论是科学家还是一般的问题解决者,都像那只聪明的火鸡一样,不断通过有限经验的累积来寻找自然界的规律和问题解决的方案。

由此可见,在归纳和心理模型的关系上,内隐归纳主要是通过建立单一的心理模型来进行的,它不会去穷尽与问题相关的所有模型;而外显归纳则主要是通过向心理模型添加信息进行的,它可能会遗漏一些可能的模型。而这在一定程度上就可能导致归纳推理的有效性相对演绎推理而言要低一些。但不管是哪种形式的归纳,都与心理模型密切相关,并对问题是否能够得到有效解决产生重要影响。

### 3.问题解决中基于心理模型的推理策略

前已述及,相比演绎推理,归纳推理更容易出错,但即便是演绎推理,也可能因遗漏了某个心理模型而犯下错误。那么,应该怎样确保演绎推理和归纳推理在问题解决中的有效性呢?关于这一问题,模型理论早就提出过一个假设,即推理者可以使用基于心理模型的推论性操作来开发不同的推理策略。一些研究者探究了诸如"小李比小王高,小明比小王矮,谁最高?"这样的序列问题,证实不同的个体确实可以开发出不同的推理策略(Van der Henst,Yang,Johnson-Laird,2002)。[①]

下面以序列问题"盒子里是哪种颜色小球"为例,来探讨问题解决者使用了哪些基于心理模型的推理策略。

盒子里有一个蓝球,或有一个绿球,但不会同时有这两种颜色的小球。

盒子里有一个绿球,或有一个白球,但不会同时有这两种颜色的小球。

当且仅当盒子里有一个红球时,盒子里才会有白球。

可否得出结论:如果盒子里有蓝球,那么盒子里也有红球。

这是一个很简单的问题,推理者在评估结论时很少出现错误,尽管他们并不总是有合适的理由。然而,在他们解决问题时,研究者给他们笔和纸,并要求他们出声思考。他们的口语报告却揭示出了许多策略。

第一种常见的策略是构建一个标识可能性的图解。推理者可以在纸上水平地和垂直地画线,使用这些线条来明了不同的可能性。比如,在上述"盒子里

---

①   Van der Henst J B,Yang Y,Johnson-Laird P N. Strategies in sentential reasoning,2002.

是哪种颜色小球"的问题上,推理者可以在纸上画出一条水平的分界线,分析给定的前提,建立两种可能性的图解:

蓝球　　　　　白球　　　　　红球
_____
绿球

当把这种策略教给推理者时,即使这个教授过程只花两分钟左右的时间,他们的推理也会变得更快、更精确。

第二种策略依赖于一系列的推理步骤,且该步骤始于前提中的范畴论断或其中的假设之一(Byrne,Handley,1997)。[①] 然后,推理者逐步执行这个单一模型的结果。在上面提及的盒中小球颜色的问题上,一个典型的口语记录如下:

假设盒里有一个蓝球,那从第一个前提中可知盒里没有一个绿球。

然后从第二个前提中可知盒里有一个白球。

而第三个前提指出盒里有一个红球。

所以,可以得出"如果盒子里有蓝球,那么盒子里也有红球"的结论。

第三种策略与第二种策略较为相似,如果需要的话,推理者可以把每个前提转化为一个条件从句,以便于建构起一个系列化的条件从句,这个条件从句能从结论中的一个子句导向另一个子句[②]。而得出的结论可能是推理者自己建构的一个论断,有可能是他们必须去评估的一个给定的结论。回到盒中小球颜色的问题上,一个典型的口语记录是:

如果盒里有一个蓝球,那么盒里就不会有一个绿球。

如果盒里没有一个绿球,那么盒里一定有一个白球。

如果盒里有一个白球,那么盒里一定有一个红球。

这一系列的条件从句是完整的。它从结论的一个子句导向另一个子句,所以推理者会简单地回答"是"。

_____

① Byrne R M J,Handley S J. Reasoning strategies for suppositional deductions. Cognition. 1997,62(1):1-49.

② 这里的条件从句类似于 J R Anderson 所提出的"产生式(production)",就内容而言,它是"条件(condition)-行动(action)"对,就形式而言,它是"如果(if)—那么(then)"的形式。系列化的条件从句之间的关系相当于产生式系统(production system),即前一产生式的行动构成了后一产生式的条件(或条件之一)。

第四种策略是直接从一对复合前提出发，提出一个复合的结论（即一个包含连接词的结论）。然后，从这个结论和另一前提出发提出另一个结论。如此反复，直到推理者得出假定的结论或与结论不一致的命题。阐明复合推理的典型的口语报告如下：

> 盒里有一个黄球，否则有一个绿球。
> 盒里有一个黄球和一个白球。
> 所以，如果盒里有一个绿球，那盒里一定没有一个白球。

以及：

> 盒里有一个红球，否则有一个蓝球。
> 盒里有一个蓝球，否则有一个灰球。
> 所以，盒里可能有一个灰球和一个红球。

第五种策略发生在仅当推理者必须建构一个自己的结论而不是去评估已给定的结论时。他们连接前提中的子句来建构一个复合结论。比如，一名推理者可将以下形式的前提：

> 盒里有一个红球和一个蓝球。
> 当且仅当盒里有一个黄球时，盒里才有一个蓝球。
> 当且仅当盒里有一个绿球时，盒里才有一个黄球。

连接并转化为：

> 红球和（蓝球当且仅当黄球当且仅当绿球）。

尽管前提间有多种可能的连接方式，但推理者更喜欢运用那些遵循有关前提的心理模型的连接方式（Van der Henst et al,2002）。

不难看出，心理模型的操作能够说明以上五种策略中的推理步骤。模型理论预测出问题的实质将会影响推理者所开发的特定策略。由于需要牢记心中的可能性的数量越来越多，所以推理者更愿意依靠外部图解，因为相比其他策略，图解是一种外部记忆存储，可以记录所有的可能性。概言之，推理者可以自发地开发出许多策略，虽然这些策略令人感到惊讶，但它们看起来都依赖于意义和心理模型。

需要指出的是，模型理论在推理研究中并不处于垄断地位，有关推理还有其他的一些理论，其中最具代表性的观点是推理依赖于推理规则，或是逻辑形式规则（Braine，O'Brien，1998；Rips，1994），或是涉及因果关系和可能性的内容规则（Cheng，Holyoak，1985；Kelley，1973）。比如，经验型的推理者可以运用诸如形式逻辑的推理规则来帮助自己进行推理,就像那些学过逻辑学的人会使用基于这些规则的策略一样。但这并不是说模型理论不重要,心理模型能对不同的推理难题作出粗略的预测,比如,推理所需要的心理模型的数量能够预测出问题解决中推理的难度(Rijmen,De Boeck,2001)。

综上所述,心理模型是在解决某个问题时能起作用的心理表征,是一种特殊的包含命题表征和表象表征在内的综合性表征形式。心理模型对于问题的解决极为重要。一方面,正确的心理模型有助于解决问题,且不同的心理模型往往决定了不同的问题解决难度。另一方面,问题解决中的推理也依赖于心理模型,心理模型可以粗略地预测出问题解决中推理的过程和结果,且对问题解决的预测还可经由基于心理模型的多种推理技能的锤炼而变得更为精确。其实,在问题解决中,对问题的表征和推理往往是交织在一起,共同对问题解决产生影响的。上文将其剥离开来进行探讨,主要是希望能更清晰地单独说明心理模型与两者的关系,以及心理模型对问题解决的影响。

# 三、实证研究 Ⅱ：心理模型影响问题解决策略选择的研究

问题解决者基于自身拥有的不同水平的领域知识,是如何建构心理模型并对问题解决策略的选择产生影响的？ 实证研究 Ⅱ 试图说明和解释这一点。

## (一)问题提出

20 世纪 70 年代以来兴起的专长研究,在心理学领域内形成了以知识解释专长的主流取向。这一取向给予我们这样的启示:专家有效解决问题的能力可能是丰富的领域知识造就的,有必要从领域知识与一般能力互动的角度考虑人的胜任力。在这种背景下,问题解决研究者不再满足于研究情境无涉的实验室简化任务,开始采用一种更具自然主义的研究范式,把更多精力投向特殊知识领域的问题解决,比如数学(代数、几何、微积分)、物理学、电子学、建筑学以及医学等领域。特殊知识领域的问题解决研究有望为改进课堂教学提供一些实质性的建议。

20 世纪 80 年代中期,Gagne 指出为了顺利地解决问题,问题解决者至少应具备智慧技能、有组织的言语信息以及认知策略三种重要的能力(学习结果)。其中,认知策略是一种对内组织的技能,其功能在于调节问题解决过程中智慧技能和言语信息的使用。认知策略在问题解决中处于极为重要的地位,正因为有了认知策略,人类的问题解决才摆脱了盲目的试误而成为一种目标定向的认知加工。具体到问题解决策略的研究,以 Newell 和 Simon 为代表的研究者最

初致力于寻找人们解决问题的一般启发式策略(弱方法)，如手段-目的分析、子目标分解等。后有研究者发现，弱方法虽然能够产生广泛的迁移，却并不能有助于特殊领域的问题解决，专家主要运用特殊领域的问题解决策略(强方法)来解决问题。但强方法是怎样迁移的，即特殊领域的问题解决策略和言语信息、智慧技能是怎样以一种整合的方式在问题解决中发生作用的，却是迄今仍然没能很好解决的问题。对此，有学者(吴庆麟，1999)认为，有组织的言语信息与特殊的任务策略间存在着相互影响和相互作用，从前者来探讨后者很可能是今后需要着重研究的方向。

受上述领域知识与特殊任务策略互动观点的启发，本研究采用心理模型这一综合性表征形式来刻画个体领域知识对其问题解决策略选择的影响。Gagne和Glaser(1987)曾指出，心理模型是一种基于图式的知识结构，它包括对任务需求和任务执行的知觉。我们认为，心理模型是一种未必全面但却对当前问题情境有用的表征，与图式类似，具有层次性。而当前问题解决研究对领域知识的看重也使研究者的目光聚焦于对问题表征的研究上。本研究则顺应了这一趋势，将心理模型视为领域知识与问题解决策略选择之间的中介，去考察个体所具有的不同水平的领域知识、探寻个体所建构的心理模型类型及其对问题解决策略选择的影响。

## (二)研究方法

### 1.被试

招募一所省属重点大学物理学与电子技术学院通信专业的大学三年级学生，共计16人(15男1女)，指定编号为S1，S2，S3，…，S16。

### 2.实验材料

(1)材料一："电路基础知识测试题"问卷(附录2)。

该问卷是在综合考量了本研究的主要任务后自行编制而成的。它旨在从整体上了解被试基础电路知识的掌握与应用情况，为后续的基本电路的应用测试、三相异步电动机运行和控制实验提供素材并打下基础。其分析维度和结构如下。

一方面，问卷覆盖了后续测试和实验可能要用到的知识，以便于能够去探查个体领域知识对建构心理模型及运用问题解决策略的影响。因此，根据测试材料所覆盖的知识范围来分类，本问卷可分为电路基本概念与原理和正弦交流电相关知识两部分，如表4.1所示。

表 4.1 电路基础知识的分布情况

| 电路基础知识 | 题目总数/个 | 具体问题分布 |
|---|---|---|
| 电路基本概念与原理 | 18 | 1、2、3、4、5、6、7、8、9、10、11、12、13、14、15、16、17、18 |
| 正弦交流电相关知识 | 17 | 19、20、21、22、23、24、25、26、27、28、29、30、31、32、33、34、35 |

另一方面,问卷所提出的问题对于被试的能力要求是不一样的。Anderson 等(2001)指出,学习结果的两种经典测量方式是保持和迁移。据此,我们按照对被试能力的不同测量要求对问题进行了分类。如表 4.2 所示,一类问题主要是测试个体对知识的保持情况,而另一类问题则用于测试对知识的应用情况。在这里,知识的保持是指记住所习得的知识的能力,它可以通过回忆和再认项目来进行评价。知识的应用(即迁移)是指在新的情境中使用知识的能力,它可以通过一些问题解决项目来予以评价。

表 4.2 不同能力要求的分布情况

| 能力要求 | 题目总数/个 | 具体问题分布 |
|---|---|---|
| 知识的保持 | 18 | 1、3、4、7、10、11、12、13、16、19、20、24、25、26、29、33、34、35 |
| 知识的应用 | 17 | 2、5、6、8、9、14、15、17、18、21、22、23、27、28、30、31、32 |

(2)材料二:"基本电路原理应用测试题"问卷(附录 3)。

该问卷要求个体运用自己已掌握的电路基础知识,运用多种方法求解图 4.4 中所示的电压 $u$。

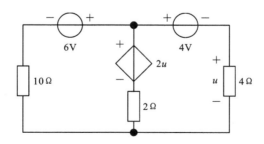

图 4.4 基本电路原理应用测试电路图

该问卷旨在深入考察个体运用电路原理知识解题的具体情况,探寻个体所建构的心理模型类型及个体所具有的领域知识通过心理模型这一中介对问题解决策略选择的影响。

### 3.任务与程序

(1)第一次施测。

采用集体施测方式,让 16 名被试在 90 分钟内完成"电路基础知识测试题",单人单桌作答。"电路基础知识测试题"共有 35 道单项选择题,评分标准是被试答对一题记 1 分,答错一题记 0 分。

(2)第二次施测。

第一次施测后,让被试休息 10 分钟。然后采用集体施测方式,让 16 名被试在 60 分钟内完成"基本电路原理应用测试题",单人单桌作答。"基本电路原理应用测试题"仅有一道应用题,但可运用四种方法求解,每种方法赋值 2 分。具体的评分标准是:2 分(电路方程正确且计算结果正确),1 分(电路方程正确但计算结果错误),0 分(电路方程错误且计算结果错误,或电路方程错误且计算结果正确,或根本无法列出电路方程)。

### 4.数据分析

采用 SPSS 13.0 对所搜集的数据进行量化分析,同时对被试在问题解决中所建构的心理模型进行编码,对其所使用的问题解决策略予以甄别。

## (三)结果与分析

被试所测试的 35 道题的成绩(满分 35 分)的描述统计,结果如下:

表 4.3　　　　被试"电路基础知识测试题"得分的描述统计($N=16$)

| 最小值 | 最大值 | 中位数 | 众数 | 平均值 | 标准差 |
|--------|--------|--------|------|--------|--------|
| 14.00 | 26.00 | 19.50 | 19 | 19.75 | 3.36 |

据此,按照被试的成绩对被试进行排序,以 20 分为界限,把被试分为高分组和低分组。高分组和低分组各有 8 名被试,具体分组情况见表 4.4。

表 4.4　　　　　　　　高分组和低分组的分组情况

| 组别 | 被试数/名 | 被试编号 |
|------|-----------|----------|
| 高分组 | 8 | S1、S2、S3、S8、S9、S11、S14、S15 |
| 低分组 | 8 | S4、S5、S6、S7、S10、S12、S13、S16 |

### 1. 领域知识的总体差异

(1) 电路基础知识掌握情况的差异。

如表 4.5 所示,通过对高分组和低分组的成绩进行比较,发现高分组和低分组在电路基本概念与原理上的平均分分别为 12.50 和 8.25,且两组之间存在显著差异,$t(14) = 4.185$,$p = 0.001 < 0.01$。在正弦交流电相关知识的测试上,高分组的平均分为 9.88,低分组的平均分为 8.88,两组差异不显著,$t(14) = 1.328$,$p = 0.205 > 0.05$。但整体而言,两组在电路基础知识上的平均分分别为 22.38 和 17.13,且存在显著差异,$t(14) = 5.126$,$p = 0 < 0.01$。

表 4.5　　　　　　**不同类型知识测试成绩的描述统计**

| 组别 | 被试数/名 | 电路基本概念与原理平均分 | 正弦交流电相关知识平均分 | 电路基础知识平均分 |
|------|-----------|--------------------------|--------------------------|--------------------|
| 高分组 | 8 | 12.50 | 9.88 | 22.38 |
| 低分组 | 8 | 8.25 | 8.88 | 17.13 |

(2) 电路基础知识保持与应用能力的差异。

如表 4.6 所示,高分组在知识保持上的平均分为 11.38,低分组的平均分为 8.25,且两组在知识的保持上存在显著差异,$t(14) = 4.315$,$p = 0.001 < 0.01$。高分组和低分组在知识的应用上的平均分分别为 11.00 和 8.88,差异边缘显著,$t(14) = 2.147$,$p = 0.05$。

表 4.6　　　　　　**知识保持与应用成绩的描述统计**

| 组别 | 被试数/名 | 知识的保持平均分 | 知识的应用平均分 | 知识的保持和应用平均分 |
|------|-----------|------------------|------------------|------------------------|
| 高分组 | 8 | 11.38 | 11.00 | 22.38 |
| 低分组 | 8 | 8.25 | 8.88 | 17.13 |

在图 4.5 中,高分组在电路基本概念与原理、知识保持,以及知识应用上的平均正确率分别为 69.44%、63.22% 和 64.71%,明显高于低分组的平均正确率(三个方面分别为 45.83%、45.83% 和 52.24%)。而高分组和低分组在正弦交流电相关知识上的平均正确率分别为 58.12% 和 52.24%。

此外,经相关分析发现,电路基础知识总成绩和电路基本概念与原理成绩的相关程度($r = 0.888$,$p < 0.01$)高于电路基础知识总成绩和正弦交流电知识成绩的相关程度($r = 0.482$);而电路基础知识总成绩与知识保持、知识应用的相关系数分别为 0.765 和 0.781($p < 0.01$)。可见,学生在第一次施测中取得好成绩与电路基本概念与原理掌握得牢固高度相关。

总之,无论是在电路基本概念与原理、正弦交流电相关知识的测试成绩上,

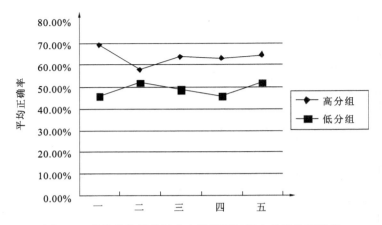

**图 4.5　高分组和低分组在电路基础知识上的平均正确率**

(注："一""二"和"三"分别代表两组在电路基本概念与原理、正弦交流电相关知识、电路基础知识上的
平均正确率，"四"和"五"分别代表两组在知识保持与知识应用上的平均正确率。)

以及在解题时对知识的保持和应用的成绩上，还是在全部问题的总成绩上，高
分组明显高于低分组。所以我们认为，对相关领域知识的掌握和技能可在一定
程度上让学生较好地解决一些简单问题，并取得较好的成绩。同时，上述分析
和检验也说明高分组和低分组的划分是合理有效的。

### 2. 领域知识对心理模型的影响

在基本电路原理应用测试上，高、低成绩组的平均分分别为 2.75 和 1.50，
且两组成绩不存在显著差异，$t(14)=1.213, p=0.245>0.05$。与此同时，我们
发现，被试在两次施测中不同测试上的成绩存在一定的相关性。如表 4.7
所示。

表 4.7　　　　　　　　　　　**不同测试成绩之间的相关系数**

| 测试类型 | 电路基础<br>知识成绩 | 电路基本概念<br>与原理成绩 | 正弦交流电<br>相关知识成绩 | 知识保持<br>成绩 | 知识应用<br>成绩 |
|---|---|---|---|---|---|
| 基本电路<br>原理应用<br>成绩 | 0.527* | 0.382 | 0.418 | 0.142 | 0.666** |

注：* 表示相关系数在 0.05 的水平上显著，** 表示相关系数在 0.01 的水平上显著。

从表 4.7 可知，学生在电路基础知识和知识应用上的成绩与其在基本电路
原理应用上的成绩存在显著正相关（$r=0.527$ 和 $r=0.666$），从图 4.6 也可清楚

地看到这一点。也就是说,个体在电路基础知识上取得了好成绩,相应地在基本电路原理应用上也取得了好成绩。这似乎预示出,领域知识有助于问题解决,或问题解决也有助于深化对领域知识的理解。同样,个体先前在知识应用题(涉及单个电路原理的应用)上取得了好成绩,则相应地在基本电路原理应用题(涉及多个电路原理的应用)上也取得了好成绩。这似乎说明,电路基础知识的掌握有助于近迁移(简单问题解决),而近迁移的获得又有助于远迁移的出现(复杂问题的解决)。

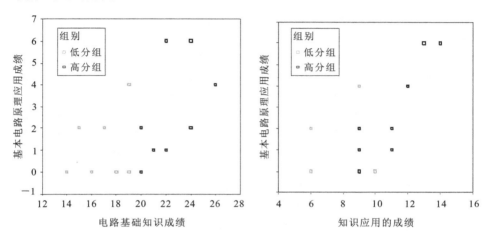

**图 4.6　基本电路原理应用成绩与电路基础知识成绩、知识应用成绩的相关关系**

此外,通过对被试在问题解决中所建构的心理模型进行统计,发现被试整体上在解决问题时倾向于建构较复杂的心理模型,使用中等难度的解题策略来解决问题,这在低分组表现得尤为明显,如表 4.8 所示。有趣的是,高分组相比低分组建构心理模型时更倾向于简单模型,以便于最有效地解决问题,而且高分组还体现出向难度挑战的解题精神,即建构最复杂的模型,力争综合运用多种方法去有效解决问题。这也部分印证了前面的猜测,并进一步揭示出了领域知识对问题解决的影响还较典型地表现在心理模型的差异上。在表 4.8 中,高分组建构心理模型有效解决问题的累积频次远远高于低分组的累积频次。可见,领域知识掌握得越牢固、越丰富,则越容易对领域内的相关问题形成多样化的心理模型。而多样化的心理模型,尤其是最简化的心理模型,能够较好地表征问题,促进问题得到有效解决。

表4.8　　　　　　　　　　正确心理模型建构的频次分布

| 心理模型类型 | 建构模型所需解题方程个数 | 建构模型的人次 | 建构模型有效解题的人次 | 低分组建构模型有效解题的人次 | 高分组建构模型有效解题的人次 |
|---|---|---|---|---|---|
| 模型1 | 2 | 4 | 3 | 0 | 3(1*) |
| 模型2 | 3 | 7 | 5 | 2 | 3(2*) |
| 模型3 | 4 | 6 | 4 | 2(2*) | 2 |
| 模型4 | 4～8 | 2 | 1 | 0 | 1(1*) |

注：具体的模型类型见表4.9，* 表示虽然建构出了相应的心理模型，但没能有效解答出正确答案的人数。

### 3. 心理模型对问题解决策略选择的影响

前面曾经谈到过，心理模型作为一种对问题解决起作用的综合性表征方式，可以粗略地预测出问题解决中推理的过程和结果，从而似乎可以预示出不同的问题解决策略。基于此，在这一部分，我们力图刻画出不同的心理模型怎样影响问题解决策略的选择。实际上，对这一问题的探讨，也可间接地揭示出领域知识对问题解决策略选择的影响，因为个体的心理模型是基于自身的领域知识所建构起来的一种对问题的表征。表4.9、表4.10和图4.7呈现出了不同知识水平的个体在解答基本电路原理应用题上所具有的心理模型和所选用的问题解决策略。

表4.9　高分组和低分组在基本电路原理应用题上的心理模型和解题策略

| 被试编号 | 基本电路原理应用成绩/分 | 心理模型 | 解题策略 |
|---|---|---|---|
| 高分组 | | | |
| S1 | 6 | 模型1、2、3 | 结点电压法、回路电流法、支路电流法 |
| S2 | 4 | 模型1、2 | 结点电压法、回路电流法 |
| S3 | 2 | 模型3 | 支路电流法 |
| S8 | 6 | 模型1、2、4 | 结点电压法、回路电流法、叠加法 |

续表

| 学生编号 | 基本电路原理应用成绩/分 | 心理模型 | 解题策略 |
|---|---|---|---|
| 高分组 | | | |
| S9 | 1 | 模型2 | 回路电流法 |
| S11 | 2 | 模型1、4 | 结点电压法、叠加法 |
| S14 | 1 | 模型2 | 回路电流法 |
| S15 | 0 | 其他 | 其他 |
| 低分组 | | | |
| S4 | 4 | 模型2、3 | 回路电流法、支路电流法 |
| S5 | 0 | 模型6 | 等效法(缺陷:没有理解等效法的适用条件) |
| S6 | 0 | 其他 | 其他 |
| S7 | 4 | 模型2、3 | 回路电流法、支路电流法 |
| S10 | 2 | 模型3 | 支路电流法 |
| S12 | 2 | 模型3 | 支路电流法 |
| S13 | 0 | 其他 | 其他 |
| S16 | 0 | 模型5 | 其他 |

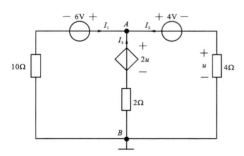

模型1(思路:右侧支路电压源已知,要求u,只需求出结点A的电压即可)

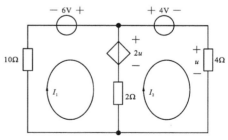

模型2(思路:要求电阻上的电压u,只需求出流经该电阻的电流。可考虑设回路电流求解)

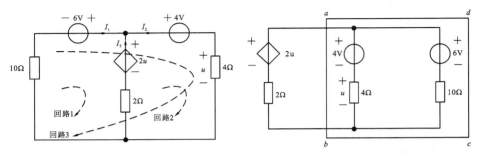

模型 3(思路：要求电阻上的电压u，只需求出流经该电阻的电流。可考虑设支路电流求解)

模型 5(思路：试图通过等效变换求解电压u，忽略了受控源与其控制量的关系)

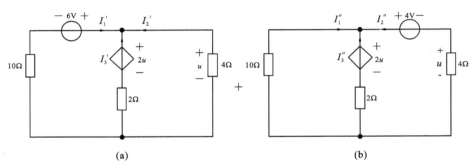

(a)                                              (b)

模型 4(思路：电路中含有两个已知电压源，可考虑每个电源单独作用时在该电阻上产生的电压，然后叠加起来)

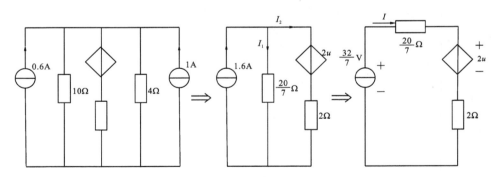

模型 6(思路：试图通过等效变换求解电压u，忽略了受控源与其控制量的关系)

**图 4.7  求解基本电路原理应用题所建构的心理模型**

表 4.10　　　　　　　基本电路原理应用题解题策略及具体步骤

| 有效解题策略 | 具体步骤 |
|---|---|
| 结点电压法 | ① 选定参考结点,标定其余 $n-1$ 个独立结点;② 对 $n-1$ 个独立结点,以结点电压为未知量,列写其 KCL 方程;③ 求解上述方程,得到 $n-1$ 个结点电压;④ 求其他待求量 |
| 回路(网孔)电流法 | ① 对于 $n$ 个结点 $b$ 条支路的电路,选定 $b-(n-1)$ 个基本回路,并确定其绕行方向;② 对 $b-(n-1)$ 个基本回路,以回路电流为未知量,列写其 KVL 方程;③ 求解上述方程,得到 $b-(n-1)$ 个回路电流;④ 求其他待求量 |
| 支路电流法 | ① 对于 $n$ 个结点 $b$ 条支路的电路,选定 $b$ 条支路,设定其电流参考方向;② 根据 KCL 列出 $n-1$ 个结点电流方程,根据 KVL 列出 $b-(n-1)$ 个回路电压方程;③ 将 $b$ 个方程联立,求解得出各支路电流;④ 求其他待求量 |
| 叠加法 | ① 对于有多个独立源同时作用的线性电路(满足齐次性和可加性),要求某一未知量,首先令独立源 A 单独作用,把其他独立源"除源(电压源短路、电流源开路)",求出独立源 A 的响应(支路电压或电流);② 同理,令独立源 B 单独作用,求出其响应,依次类推;③ 对各独立源单独作用时的响应求代数和(注意参考方向) |

　　在前面的分析中,我们了解到,高分组在电路基础知识测试上的成绩优于低分组,整体而言,高分组对电路的基础知识掌握较牢固。如表 4.9 所示,在高分组中,S1、S8 和 S2 取得了较好的成绩,能够针对基本电路原理应用题建构多种心理模型,采取有效的问题解决策略,有效解决问题。S3 虽然只建构了单一的心理模型,但仍能运用一种解题策略来解决问题。而 S11 建构了两种正确的心理模型,但因计算错误而未能最终得出正确答案。令我们意外的是,S9、S14 和 S15 尽管较好地掌握了电路基础知识,但没能解答出电路原理应用题。在低分组中,S4 和 S7 表现突出,做到了一题多解,而且答案完全正确。S10 和 S12 也能建构单一心理模型,正确解出答案。S5、S6、S13 和 S16 则建构了不适当的或错误的心理模型,以致不能解决问题。不同组别的被试在两类测试上的表现甚是有趣。为此,拟以两类测试成绩的高低为分类维度,选择典型个案来剖析被试在问题解决上的差异,以期通过"解剖麻雀"的方式来探寻领域知识怎样通过心理模型这个中介来影响问题解决策略的选择,如表 4.11 所示。

表 4.11                            **典型个案筛选情况**

| 分类维度 | 典型个案 |
| --- | --- |
| 高分-高分 | S1、S8 |
| 高分-低分 | S9、S14、S15 |
| 低分-低分 | S5、S6、S13、S16 |
| 低分-高分 | S4、S7 |

（1）高分-高分维度。

落入高分-高分维度的被试，以 S1 和 S8 的表现最为典型。S1 在"电路基础知识测试题"中的得分为 24 分，而在"基本电路原理应用测试题"中的得分为 6 分，这意味着被试在第二次测试中成功建构了三种心理模型，列出了正确的电路方程，并正确计算出了未知量。值得注意的是，对于图 4.4 所示的电路，被试 S1 在运用支路电流法时，从电路的同一结点（三条支路在电路上方的交汇点）出发，并且循着相反的回路绕行方向（左边回路顺时针方向、右边回路逆时针方向）来列写回路电压方程。这样做的好处是可以避免在心理上频繁转换回路绕行方向和电压、电流参考方向之间的正负关系，从而降低工作记忆中的认知负荷。同时，问题解决者更有可能列出正确的回路电压方程，并且更易检验列写的方程是否正确。此外，在运用结点电压法时，被试 S1 在电路图上标示了关联参考方向（图 4.8），比如 $I_A$ 与 6V 电压源呈关联参考方向，$I_C$ 与 4V 电压源和电压 $u$ 均呈关联参考方向，结点 B 的电压 $u_B$ 与受控源 $2u$ 的参考方向保持一致。由于选择了关联参考方向，可以快速列出方程①和方程②。如果 $I_B$ 与受控源 $2u$ 也选择关联参考方向，则方程③可以一步列出。通过上述分析似可发现，被试 S1 对问题情境形成了更完整的心理模型（把如何选定参考方向考虑进来），这种心理模型预示了更灵活、更简捷的问题解决策略。

与 S1 类似，被试 S8 在运用支路电流法时，也注意到了电流参考方向与回路绕行方向之间的关系，其选定的回路绕行方向是模型 3（图 4.7）中的回路 1 和回路 3，但选择了与回路绕行方向完全一致的电流参考方向，从而方便了回路电压方程的列写。此外，S8 构建了正确的叠加模型，即模型 4（图 4.7）。可以推测，问题情境（图 4.4）中的两个独立电压源，特别由于其较对称的分布形式，激活了叠加原理的有关知识，从而建构了模型 4，并触发了对于叠加原理程序的提取和使用。

对这一维度的分析表明，高效的问题解决者能够对问题形成深入、全面表征，人为地为问题情境加入一些限制（比如参考方向的一致性），从而构建最佳的心理模型，选择最优化的问题解决策略。

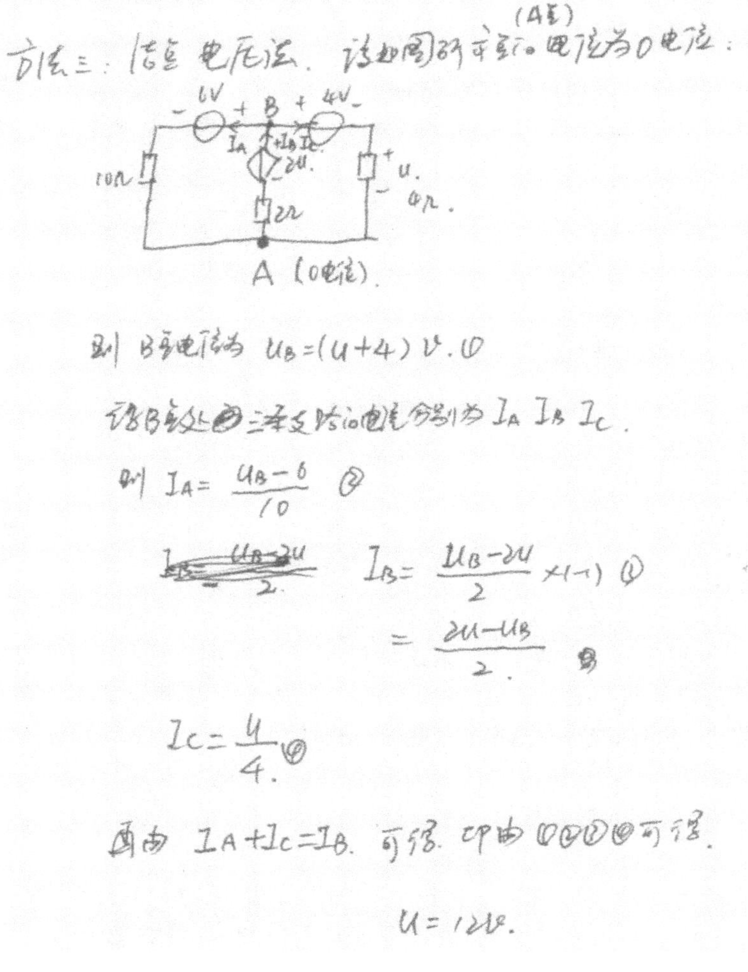

方法三：结点电压法。诳地闭的寺点电位为0电位：

别 B 点电位为 $u_B = (u+4)V$. ①

诳B钱处三条支陷的电流分别为 $I_A$、$I_B$、$I_C$.

别 $I_A = \dfrac{u_B - 0}{10}$ ②

$I_B = \dfrac{u_B - 2u}{2} \times (-1)$ ③
$= \dfrac{2u - u_B}{2}$ ③

$I_C = \dfrac{u}{4}$ ④

再由 $I_A + I_C = I_B$. 可得. 即由①②③④可得.

$u = 12V$.

**图 4.8　被试 S1 的"基本电路原理应用测试题"解题步骤**

（2）高分-低分维度。

　　落在高分-低分维度的被试有 S9、S14 和 S15，其"电路基础知识测试题"得分分别为 21 分、22 分、20 分，而在"基本电路原理应用测试题"中的得分分别为 1 分、1 分、0 分。S9 和 S14 在"基本电路原理应用测试题"中的得分均为 1 分，说明他们尽管没有得出正确答案，但成功地建构了一种正确的心理模型，列出了正确的电路方程，这里仍显示出领域知识的掌握程度对于心理模型的建构有一定的辅助作用。事实上，这两位被试都采用了回路电流法——一种较为简便的问题解决策略，这也说明他们仍能提取出一些常用的电路分析方法。此外，S9 和 S14 都试图运用结点电压法，但不能以正确的心理模型来表征问题，从而不能解决问题。有趣的是，两位被试都体现出了对自己解题过程的监控。S9 在其卷面的"草稿栏"写道：

> 列方程时突然对学过的知识不确定起来，因为遗忘了细节部分：中间的那个电压控制电压源在列写两个回路方程时不知道如何处理，因此采用另一个方程……解不出来，想利用第二种方法……结点电压法想不起来了……一直在想结点电压法的解题方法……由于不知道结点电压法是否如此，对解答不确定。

S14 也写道：

> 想用结点电流方程列解，确实忘了，感觉列的式子不对。

尽管 S9 和 S14 最终不能提取出所需的领域特殊策略——结点电压法，但监控还是发生了。

被试 S15 也在卷面上写出了他的想法：

> 对电路知识有点陌生了，方法都用不上，有 2b 法、网孔电流法，还有叠加法、支路电流法，忘了具体的解答步骤。

当 S15 试图用网孔（回路）电流法[①]解答应用题时，列出了如下的电路方程组 1，其中方程①和②表明，S15 错误地应用了网孔电流法，因为他没有将流经中间支路的电流进行叠加。他相当于把一个完整的电路分离成了两个互不相关的回路，没有形成这一电路的完整的心理模型。

$$电路方程组 1 \begin{cases} 10I_1 - 6 + 2u + 2I_1 = 0 & ① \\ 4 + 4I_2 - 2I_2 - 2u = 0 & ② \\ u = 4I_2 & ③ \end{cases}$$

需要指出的是，S15 在第一次测试中的得分为 20 分，刚好落入高分组（划分标准$\geqslant 20$分）。据此可以推测，最初将其归入高分组，可能是由高、低分组分组的随机误差所造成的。他可能原本应归入低分组。

（3）低分-低分维度。

落入低分-低分维度的被试有 S5、S6、S13 和 S16，其中，我们鉴别出了 S5 和 S16 的心理模型，分别是模型 6 和模型 5（图 4.7）。被试 S16 在他的卷面上写道，"把虚线框[②]内等效为电流源"，表明他试图应用等效法[③]解决问题，但由于

---

① 两个网孔电流均为顺时针方向。

② 即模型 5 中的线框 $abcd$，我们把被试的虚线框画成了实线框。

③ 等效法可包括电源等效互换原理和戴维南（诺顿）等效网络定理，S16 所谓的等效应当是电源互换等效原理，因为他把戴维南（诺顿）等效法作为另外一种方法列出来，尽管也没有具体执行。

没有进一步写（画）出等效的步骤，我们无法得知他是否掌握了电路等效的知识和技能。但 S16 建构的心理模型 5 把受控电压源 $2u$ 同其控制量 $u$ 分别置于两部分电路，是一个明显的错误，因为受控源的控制量一旦不存在了，受控源也就不存在了。所以，S16 的心理模型表明他关于受控源的知识存在缺陷，不理解受控源的工作原理及其性质。这一知识缺陷也体现在他对回路电流法的运用上，在以网孔电流列写回路电压方程时，他完全把受控电压源排除在外，不知如何处理。也就是说，S16 没有形成受控源与独立源相整合的心理模型，致使他即使知道个别问题解决策略的一般程序，也不能正确列出电路方程组 2 中的电压方程①和②。

$$电路方程组 2 \begin{cases} (I_1 - I_2) \times 2 = 6 - 10I_1 & ① \\ 4 + 4I_2 = 6 - 10I_1 & ② \\ u = 4I_2 & ③ \end{cases}$$

　　S5 也试图运用电源等效互换原理来解决问题，但从其建构的心理模型（图 4.7 中模型 6）来看，仍然犯了和 S16 同样的错误，把中间一条含受控电压源的支路与左、右两条支路分离开来。这样，虽然可以对左、右两部分电路分别应用电源等效互换原理来进行变换，但对整个电路和受控源已经失去了意义。在对 S13 作业记录的分析中，我们发现，S13 虽然能在图中标示出电流参考方向，对回路电流法也有一定的理解（体现为对中间支路电流的正确叠加），但仍不能列出正确的电路方程组 3。同时，S13 在应用支路电流法时，也列出了错误的电路方程组 4。需要说明的是，S13 应用回路电流法时选定的网孔电流方向分别是左边顺时针、右边逆时针，而在应用支路电流法时选定的电流参考方向是左、右两条支路电流（$I_1$ 和 $I_3$）流入电路上方的结点、中间支路的电流（$I_2$）流出电路上方的结点。

$$电路方程组 3 \begin{cases} 10I_1 + 6 + 2(I_1 + I_2) = 2u & ① \\ 4I_2 + u + 4 + 2(I_1 + I_2) = 2u & ② \\ 10I_1 + 6 - 4 - u - 4I_2 = 0 & ③ \end{cases}$$

$$电路方程组 4 \begin{cases} 10I_1 + 6 + 2I_2 = 2u & ① \\ 4I_3 + u + 4 + 2I_2 = 2u & ② \\ 10I_1 + 6 - 4 - u - 4I_3 = 0 & ③ \end{cases}$$

　　以上电路方程组 3 和 4 有三处共同的错误表现。首先，6 个方程中的每一个都有正负号错误的现象，这主要是由于对回路电流的参考方向与其他元件参考方向之间的关系没有保持统一的标准。其次，在所有涉及 4 欧姆电阻的回路电压方程中，该电阻上的电压均出现了两次，一次用 $u$ 表示，另一次用阻值与流经它的电流的乘积表示（电路方程组 3 中的②③和电路方程组 4 中的②③）。这反映出对回路电压方程的列写缺乏必要的监控，因为回路中有几个元件，方程中就应当有几项。再次，被试 S13 所列的两组方程，各含有一个非独立的方程，也就是说，只相当于每组列出了 2 个方程，需补充其他方程（电路方程组 3 需补充 1 个 4 欧姆电阻上的电压电流关系方程，而电路方程组 4 需补充 1 个 KCL 方程）。这同样反映了对解题过程缺乏必要的监控，其更深层的原因似乎是，由于缺乏必要的领域特殊知识和策略，"方程个数等于未知数个数"这一一般启发式策略也没能被激活。

这一维度的分析表明，低效的问题解决者由于领域知识存在缺陷，不能形成完整（整合）的心理模型，从而阻碍了其提取和使用相关的策略。同时，低效的问题解决者对问题解决过程也缺乏必要的监控。

（4）低分-高分维度。

我们发现，本来被分在低分组的两位被试 S4 和 S7 却在基本电路原理应用测试中得到了 4 分，即成功建构了两种正确的心理模型。值得一提的是，被试 S7 形成了一种更具灵活性的心理模型（并不拘泥于图 4.7 中的模型 3），即不是刻板地按照设定的回路绕行方向来列写 KVL 电路方程（标准的支路电流法），而是按照"并联电压相等"的策略快速列出了电路方程。实际上，并联电压相等是基尔霍夫电压定律的变式。这里我们似乎可感受到不同心理模型对问题解决策略选择的直接影响，而被试建构怎样的心理模型，则有赖于其领域知识的结构及其组织。在此，还需要指出的是，S4 和 S7 在第一次测试中的得分均为 19 分，与我们对高、低分组的划分标准（20 分）较为接近，考虑两人在第二次测试中的突出表现，我们推测，最初将其归入低分组，也可能是由高、低分组分组的随机误差所造成的。他们可能原本是可以归入高分组的。

被试 S4 在成功运用回路电流法和支路电流法之后，试图运用叠加原理来解决我们呈现的应用题。在叠加的过程中，发现"错了，每次叠加时，要带电压控制电压源；可能，不太清楚，这样做有时很烦"。该被试最终由于没有成功建构起这种理解所对应的心理模型而不得不放弃叠加法。但从中还是可以看出，被试在解决问题的过程中对自己思维的监控。这也印证了我们对高、低分组分组误差的猜测。

## （四）讨论与结论

基于对研究结果的上述分析，我们认为：

### 1. 不同个体的领域知识存在差异

研究表明，无论是在电路基础知识的测试成绩上，还是在知识保持与应用的测试成绩上，高分组均优于低分组。而且就整体而言，高分组和低分组还存在显著差异。这表明,不同个体所具有的领域知识的水平是不同的。高分组所具有的领域知识较为丰富,而低分组所具有的领域知识则略显贫乏。这也说明了本研究中高分组和低分组的划分是有效的。

### 2.个体基于不同领域知识建构的心理模型存在差异

总的来说,个体基于自身的领域知识,在解决问题时倾向于建构较为复杂的心理模型,使用中等难度的解题策略来解决问题。这在低分组表现得尤为明显。高分组相比低分组,建构心理模型时更倾向于简单模型,以便于更有效率地解决问题,而且高分组还体现出向难度挑战的解题精神,即建构最复杂的模型,力争综合运用多种方法去有效解决问题。可以说,针对同一个问题,领域知识丰富的个体往往能够建构多种恰当的心理模型来表征问题,而领域知识略显贫乏的个体则往往借助单一的心理模型来表征问题,甚至难以建构正确的心理模型,以致无法对问题进行恰当的表征。

### 3.个体基于不同的心理模型在问题解决策略的选取上存在差异

个体对问题的表征不同,其选择的问题解决策略也不尽相同。研究表明,高分组基于自身丰富的领域知识,能够对问题形成深入、全面的表征,能够人为地对问题情境加入一些限制,从而建构最佳的心理模型,选择最优化的问题解决策略。虽然有部分高分组被试未能建构多种有效的心理模型,但其所建构的单一心理模型仍然是正确的,能够支持较为简便的问题解决策略的提取。即便个别被试不能以正确的心理模型来表征问题,但仍表现出对自己解题过程的监控。低分组被试由于领域知识存在缺陷,不能形成完整(整合)的心理模型,从而阻碍其提取和使用相关的策略。此外,低分组还对问题解决过程缺乏必要的监控。

总之,个体的特定领域知识是通过其心理模型这一中介来影响问题解决策略的选择与使用的。但需要说明的是,我们在研究过程中也发现,被试在基本电路原理应用题上建构的心理模型是极具综合性的,不仅表现为模型的图示与解题的思路,还表现在被试对问题的命题表征中(可通过电路方程予以探查)。

# 四、实证研究Ⅲ:心理模型影响问题解决策略迁移的研究

问题解决者基于自身拥有的不同水平的领域知识,是如何建构心理模型并对问题解决策略的迁移产生影响的? 实证研究Ⅲ试图说明和解释这一点。

## （一）问题提出

在实证研究Ⅱ中，我们主要考察了被试运用抽象的电路原理解决书面问题的能力，着重探讨了领域知识、心理模型与问题解决策略选择之间的关系，可以说初步揭示出了领域知识对心理模型建构的影响，以及被试怎样基于其建构的心理模型选择和使用领域特殊策略（不同的电路分析方法）。在实证研究Ⅱ中，我们成功确认出了几种性质不同的心理模型，那些模型代表着被试对问题情境的不同理解。从中可以看出，被试对问题情境的理解有些是正确的，有些是错误的，有些是完整的（构建出更多的正确的心理模型），有些是欠完整的（构建出单一的正确的心理模型）。但不论完整还是不完整，对问题解决策略的选择都是有效的，只是完整的心理模型预示出了更简捷的问题解决策略。

我们发现，虽然实证研究Ⅱ采用的也是迁移研究的范式，即测试题一（电路基础知识测试题）主要测量被试的领域知识保持和应用水平，而测试题二（基本电路原理应用测试题）则增强了问题的综合性，表现为对电路基础知识和原理的综合运用，但毕竟是纸笔测验，知识的应用基本上是从"抽象"到"抽象"的，即测试二的问题是去情境化的。我们知道，学习的最终目的在于提高解决实际问题的能力，即解决真实情境中问题的能力，所以在实证研究Ⅲ中，我们决定采用在专业实验室中做电路实验的方式，考察被试将抽象的电路原理应用到具体的物理设备之中的能力。这可能更加接近心理模型的本义（外部物理世界的小尺寸模型）。

应当说，实证研究Ⅲ延续了实证研究Ⅱ从领域知识出发来捕捉被试的心理模型及其对问题解决策略影响的总体思路。基于该思路，拟重点解决以下问题：第一，采用动手操作任务（直接与物理设备互动），更加细致、动态地刻画被试的心理模型差异以及这种差异造成的其对策略选择和使用（决策）的差异，力图对模型（系统）中模块之间的关系进行动态的刻画，这可以通过口语报告和行为分析相结合的方法来予以探查和印证。第二，采取难度依次递增的三项任务，其中暗含了这样的观点：问题解决不仅是知识提取的过程，也是知识建构（学习）的过程。这样，被试在执行第一项任务时，对问题情境和任务要求的理解会促使他建构出不同于记忆提取的新知识，即产生新的学习。这种问题解决经验是否能发生迁移，将通过第二项任务（近迁移任务）和第三项任务（远迁移任务）予以检验。因此，本研究遵循的是一种更加严格的迁移研究范式。

## (二)研究方法

### 1.被试

本研究中的被试与实证研究Ⅱ中的被试相同,且编号严格保持一致。

### 2.实验场地

某省属大学物理学与电子技术学院电工学专业实验室(附录4)。

### 3.实验材料

① DGJ-3型电工技术实验装置(图4.9)一台(杭州天煌教仪生产),含三相可调交流电源;

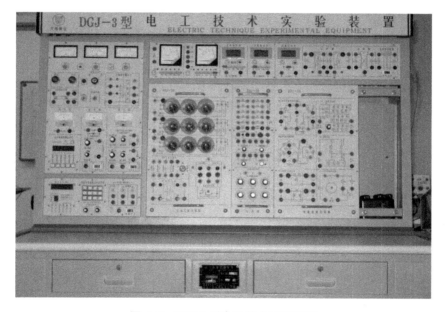

**图4.9　DGJ-3型电工技术实验装置**

② DJ24三相鼠笼式异步电动机一台(图4.10);

③ D61-2继电接触控制器一台(图4.11);

④ 连接线若干;

⑤ A4白纸两张(供被试打草稿);

⑥ 数码相机一台(供主试录像、录音使用);

⑦ 卡式录音机一台,磁带若干盘(供主试备用)。

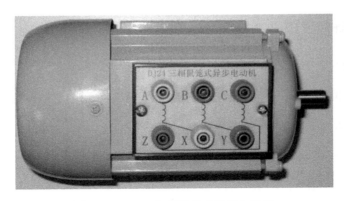

图 4.10　DJ24 三相鼠笼式异步电动机

图 4.11　D61-2 继电接触控制器

## 4.任务与程序

按照事先与被试商定好的时间,每位被试单独实验。首先对被试进行出声思维训练(附录 5),然后说明实验要求,即"在你做实验的过程中,无论有任何想法,都请你大声说出来"。然后要求被试依次完成三项电动机实验任务。

(1)请以你能想到的所有正确的接线方式连接电动机和三相交流电源,实现电动机的正常运转。

(2)请你想办法实现电动机的反转(相对于你第一次实现的转动方向)。

　　（3）请你利用继电接触控制器实现电动机正反转接触器互锁控制电路。继电接触控制器的正确状态是：通电后的原始状态是接触器不动作，此时按动 SB1 会使 KM1 动作，按动 SB2 会使 KM2 动作，当 KM1 或 KM2 已经动作时，SB1 和 SB2 不再有效，但此时按下 SB3 会使电路回到原始状态；无论在什么情况下，两个接触器都不能同时工作。最终实现的电路功能是：按下 SB1 电动机正常运转，此时 SB2 不起作用，按下 SB3，电动机停转；按下 SB2 电动机反向运转（相比按下 SB1），此时 SB1 不起作用，按下 SB3，电动机停转。即通过控制电路与主电路（电动机电路）的连接，实现上述对电动机的"正转、反转、停转"控制。

　　主试在被试完成第一项任务后才告知第二项任务，在被试完成第二项任务后才告知第三项任务。实验时间为每人 90～120 分钟，实验可提前结束，或者如果超过 120 分钟仍未能完成第三项任务，则实验结束。主试对实验全程进行录像，如被试有较长时间的停顿（超过 20 秒），则主试会提醒被试边做边说。被试可利用提供的草稿纸，画出一些电路图或写下一些想法，作为将来主试分析的依据。实验结束后，视情况对被试作简短访谈，以了解被试对实验的看法，并叮嘱被试对实验内容保密。

　　5. 数据分析

　　通过回放被试进行三相异步电动机运行和控制实验时的录像，对被试的口语报告进行转译、编码、分析，并辅以问题解决行为的分析，以揭示被试在问题解决过程中所建构的心理模型以及问题解决策略使用和迁移的情况。

## （三）结果与分析

　　详细分析学生的口语报告，关键在于建立一套编码分类图式。为此，我们首先对被试的口语报告进行了转译。被试的口语报告是被试一边做实验一边出声思维得来的，而每场实验持续 90～120 分钟。虽然并不是所有的被试总是一直都说出自己的想法，但由于实验跨时较长，将录下来的口语报告完整地转译下来，工作量是非常大的。平均每个学生的口语报告要花 8 个小时的时间来转译。在口语报告转译完成后，我们对被试的口语报告以句子作为基本的分析单元进行了分割。

　　对于如何确定句子之间的界限，我们主要采用非内容的特征和语义特征相结合的办法确定分析单元，也就是根据被试出声思维时的自然停顿和被试要表达的内容意思来确定句子之间的界限。采用句子分析单元主要基于两点考虑：

一是从句子水平上捕捉到的口语报告更具直观意义,二是以句子为分析单位可相对简化后续的分析工作。

在对口语报告进行分割后,我们便开始尝试建立一套编码分类图式。根据学生的口语报告,我们调整了自身最初预设的编码体系,逐渐形成了表 4.12 中所呈现的编码分类图式。

表 4.12                              言语报告的编码分类图式

| 编码分类图式 | 相关说明 |
| --- | --- |
| 描述 | 学生对自己实验操作的过程和步骤进行叙述,主要说明自己对电路做了怎样的连接和改造 |
| 解释 | 学生对自己的实验操作给出理由,说明自己进行某个电路连接和改造的原因 |
| 推论/预测 | 学生对自己的实验结果进行预测,说明自己进行某个电路连接和改造后可能出现的情况 |
| 提问 | 学生向自己提出问题,但并没有给出答案 |
| 监控 | 学生意识到行为的正确或错误之处,对自己连接和改造某个电路的调控 |
| 不明确 | 学生的表述无法归类 |

### 1. 被试在近迁移任务上的作业表现

在对被试的口语报告进行转译、编码和归类的过程中,我们发现,被试在做三相异步电动机运行和控制实验时的个体差异较大。有 4 名被试不能完成任务 1,因此无法继续任务 2 和 3 的实验。又有 2 名被试不能完成任务 2,因而无法继续任务 3 的实验。最后,仅有 8 名被试完成了任务 1、2 和 3 的实验。被试在近迁移任务上的作业表现,初步反映在表 4.13 和图 4.12 中。

表 4.13  被试在电动机操作实验中任务 1 和 2 上的正确心理模型和解题策略

| 被试编号 | 任务 1 | 心理模型 | 任务 2 | 心理模型 | 任务 1 和 2 的解题策略 | 任务 3 |
| --- | --- | --- | --- | --- | --- | --- |
| 高分组 | | | | | | |
| S1 | 完成 | 模型 1、2、3、4 | 完成 | 模型 1、2、3、4 | 星形接法<br>三角形接法<br>同色相连 | 完成 |

**续表**

| 被试编号 | 任务 1 | 心理模型 | 任务 2 | 心理模型 | 任务 1 和 2 的解题策略 | 任务 3 |
|---|---|---|---|---|---|---|
| 高分组 | | | | | | |
| S2 | 完成 | 模型 1、3 | 完成 | 模型 1、3 | 星形接法<br>三角形接法<br>类比法 | 完成 |
| S3 | 完成 | 模型 1、3 | 完成 | 模型 1、3 | 星形接法<br>三角形接法<br>类比法 | 完成 |
| S8 | 完成 | 模型 1、3 | 完成 | 模型 1、3 | 星形接法<br>三角形接法<br>类比法 | 完成 |
| S9 | 完成 | 模型 1、2、3、4 | 完成 | 模型 1、2、3、4 | 星形接法<br>三角形接法 | 完成 |
| S11 | 完成 | 模型 1、2、3、4 | 完成 | 模型 1、2、3、4 | 星形接法<br>三角形接法<br>画相量图 | 完成 |
| S14 | 完成 | 模型 1、2 | 未完成 | — | 星形接法 | 未执行 |
| S15 | 完成 | 模型 1 | 未完成 | — | 星形接法 | 未执行 |
| 低分组 | | | | | | |
| S4 | 完成 | 模型 1、3 | 完成 | 模型 1、3 | 星形接法<br>三角形接法 | 完成 |
| S5 | 未完成 | — | 未执行 | — | — | 未执行 |
| S6 | 未完成 | — | 未执行 | — | — | 未执行 |
| S7 | 完成 | 模型 1、3、4 | 完成 | 模型 1、3、4 | 星形接法<br>三角形接法<br>试误法 | 未完成 |
| S10 | 完成 | 模型 1、2 | 完成 | 模型 1、2 | 星形接法<br>试误法 | 未完成 |
| S12 | 完成 | 模型 1、2、3、4 | 完成 | 模型 1、2、3、4 | 星形接法<br>三角形接法<br>假设检验法 | 完成 |
| S13 | 未完成 | — | 未执行 | — | — | 未执行 |
| S16 | 未完成 | — | 未执行 | — | — | 未执行 |

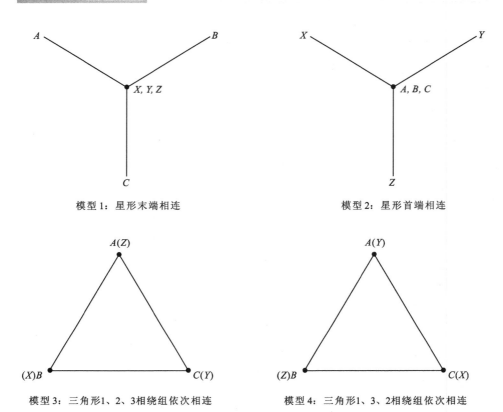

模型1：星形末端相连          模型2：星形首端相连

模型3：三角形1、2、3相绕组依次相连          模型4：三角形1、3、2相绕组依次相连

**图4.12　三相异步电动机运行和控制实验中任务1和2所呈现的正确心理模型**

实验表明，虽然被试面对任务建构的心理模型不尽相同，但大多数被试成功完成了初始任务1和近迁移任务2。不能完成任务1的被试是S5、S6、S13和S16。这些被试并没有建立有关电动机内部结构的心理模型，而且也没有建立有关三相负载接法的心理模型，他们采取的策略是典型的试误法。其口语报告通常是描述性的，比如S13说道，"把A端与X端相连，把B端和Y端相连，把C端和Z端相连，然后把A、B接起来，B、C接起来，X、Y接起来，Y、Z接起来"。当S13的一个完整操作结束后，主试插入提问"根据什么这样接呢"，被试回答说"根据什么我也说不出来"。虽然这类被试在操作过程中也出现了监控性的口语报告，"错了，一个负载的首端和末端不能接到一起"，但由于对三相电源和三相异步电动机缺乏理解，被试不能很好地将实物接线与画在纸上的电路图相匹配。完成了任务1的12名被试中有10名完成了任务2，即近迁移任务。S14和S15没有完成近迁移任务，其原因主要是他们操纵了不能决定电动机正反转的无关变量。

值得注意的是，大多数被试完成了任务2。在被试S3实现了星形接法的反转并连接了三角形接法之后,主试问被试"你认为两种接法的反转条件是否一样",被试说,"我认为是相同的,三相电两两相差 120 度,任何两条交换应该都可以"。可见,被试能够作出简单的推论和解释。此外,在任务 2 上成功的被试采用了更为有效的策略来预测他们的实验结果,比如 S11 采用画相量图的方式来预测接线改造后的电动机的旋转方向。S12 虽然实现了星形接法的反转,但他只是感觉任意两相互换都可以使电动机反转,却并不能肯定这一想法。于是他进行了较系统的假设检验,"先保持一个不变,先保持 W 不变,U 和 V 互换,看是否反转;再保持 V 不变,U 和 W 互换,看是否反转",结果发现,都是反转。于是 S12 进一步提出假设,"如果三个都变,应该也会反转",但实验证明其假设错误,他马上作出了解释,"三相都变,说明它们的相对相角没有变化",所以,"如果不是那样变化,如果有错位的话,就应当是反转"。至此,S12 已经确信三相交流电源任意交换两相就会引起电动机反转。接着,S12 想到首末端互换连接的可能性,并向自己提出问题和假设,"首先是能不能转? 如果能转,应当是正转",结果证实是正转。可见,在问题解决过程中,在居于主导地位的领域特殊策略对问题解决起作用时,个体还可生成一些个人化的一般解题策略,辅助领域特殊策略来有效解决问题,进而实现问题解决策略的迁移。

以上我们截取了个别口语报告记录对被试在任务 1 以及任务 2(近迁移任务)上的表现进行了分析,下面呈现一段被试 S1 在任务 1 以及任务 2 上的口语报告,希望能更加动态地展示其心理模型的建构过程。

......

怎样让它转动呢? 这个——B、C、A 跟 X 连在一起是吧,B 跟它(Y),C 跟它(Z)嘛,首末端线圈,它这个,电源,电源三个孔,这个这个咋处理呢? 电源有三个孔,它这里有六个孔,我把电源引过来了以后,最后这三个孔回哪去呢?(提问)

电路的接法,Y 形,以前那电路的接法都忘记了。嗯,是这样接的吧,这有个电阻(画图)。(监控、描述)......

好,首先这个图呢,然后可以先从电压上引三个,哎呀,现在这里没电吧(监控),没开,引三根线出来,首先呢这边,根据电路图,首先接到电路的一端,三根线分别接线圈上,这个对应黄色的,这个对应绿色的,这个对应红色的,然后电路的这边,它们接到一点,所以只要把它们接到一起,就可以了,用三根线短接到一起。(描述)

这样,应该可以转了。(推论/预测)

我先把它(三条线)断开哈,调电压......好,这是 380 伏。先断开,线接上,可以启动看一下了,好,现在是顺时针转的。(描述)

……逆时针转，就是说让它相位调一下，这个很简单。可以在这儿调（指向电源），也可以在这儿调（指向电动机）。这边 $X$、$Y$、$Z$ 不能动，$X$、$Y$、$Z$ 不能动，只能调这两端或者这两端，任意两个交换位置，任意两个交换位置。交换 $U$、$V$，启动试一下，哦，现在是逆时针转了。刚才是交换它俩，这三根（指接在三相电源 $U$、$V$、$W$ 处的三根线）任意交换两根。（描述）

……假如吧，我把这个 $X$、$Y$、$Z$ 和 $A$、$B$、$C$ 调换，我想也应该可以。就是说，我把 $A$、$B$、$C$ 短接的话，把这个地方当 $A$（指 $Z$），这个当 $B$（指 $X$），这个当 $C$（指 $Y$），我想既然里面的线圈接通了，电流方向，我想应该没问题。（推论／预测）

……这个我还不，还不是很确定。电流方向改变的话，相位也会发生变化，我想应该没问题，至少不会把电动机搞烧了。电动机不会烧，到底怎么转，我这还不确定。（推论／预测、监控）

启动一下看看是不是，哎，这是顺时针转。这样任意换两个，比如 $X$ 和 $Y$，也会使它反转。（推论／预测）

……就是两个线圈任意交换位置，并不是说这三个一定要接电源，我让这个接电源，然后与它相连的那个圈接这个地方，归根到底，只要这三根线接到一起，就可以了。并不是说这 $A$、$B$、$C$ 一定是要接电源，我让，就是说我换一根线，我换这边来，换这边来，就是那个意思。公共点的话，可以是 $X$、$Y$、$Z$，也可以是 $A$、$B$、$C$，但是也可以是，可以是 $(X, Y, C)$。（解释、描述）

……可以试一下。这个换应该很简单啦，我让 $A$ 接电源，我让它这三个点（$B$、$C$ 和 $X$）接到一起，这样，我想，哟，肯定有问题呦，我也还不能确定，这样接行不行。（监控）

就是说有两个线圈电流，一个从这边流进来，一个从这边流进来，这会不会导致它刚好有问题？（描述、提问）

这只是尝试，以前没试过。

……可能会有点问题，相当于线圈位置调换一头，但里边线圈放的位置没调，它的线圈电流就可能与那两个线圈不一致，它可能会出现紊乱，我想，肯定会出现紊乱。线圈的摆放位置没变，你把电流方向搞反了，它跟两个不协调，它会出现紊乱，我想它是这样。（解释、推论／预测）

如果你把里面线圈的位置、绕向换了，就没问题了。负负得正的意思，里面固定了，你外面改。（解释）

……意识到了,肯定是有点不正常。(监控)

因为电动机如果转速很慢的话,里面电流很大,很容易把线圈搞烧了。(解释)

……缺相,它也会转,但是速度会变慢,还会发出嗡嗡响。(推论/预测)

……

通过 S1 的口语报告,我们不难发现,成功的问题解决者除了对问题解决过程进行了较多描述(6 处)以外,还生成了大量的推论/预测(6 处),对现象进行较多的解释(4 处),并且频繁地对自己的思维过程进行监控(5 处)。而这一切又显示出被试具备丰富的领域知识,因为拥有贫乏领域知识的个体是难以理解电路的各个元件及其运作原理的,也就更谈不上将自己对电路元件的操作报告出来了。另外,对 S1 的问题解决行为进行分析,我们还发现他运用了一种有趣的“同色相连”策略,即尽量使连接线与接线端口的颜色保持一致,这一策略的运用使线路清晰明了,易于检查,从而极少发生错误。S1 还把这一策略迁移到了任务 2 和任务 3 的问题解决中。

还需要指出的是,从任务 1 到任务 2 的近迁移任务之所以容易成功,是因为这两项任务具有很大的相似性,两项任务所需的领域知识大致相近,两项任务所要建构的心理模型基本处于相同的复杂水平。如图 4.13 所示,这两个任务均涉及三相电和电动机两个模块,成功的迁移依赖于对这两个模块结构及其功能的理解和运用。

**图 4.13　任务 1 和任务 2 共享的物理系统模块及其关系**

### 2. 被试在远迁移任务上的作业表现

根据我们的统计,完成远迁移任务 3 的被试人数为 8 人。他们在远迁移任务上的作业表现如表 4.14 所示。任务 3 之所以比前两项任务更难完成,是因为任务 3 与任务 1、2 具有更少的相似性,任务 3 需要建构更复杂的心理模型,如图 4.14 所示,它涉及三相电、继电器和电动机三个模块之间的关系。因此虽然有电动机、三相电这两个“相同元素”,但增加了继电器这一新的元素,从而使模块之间的关系变得更加复杂。在这里,成功的迁移依赖于对这三个模块结构及其功能的理解和运用。

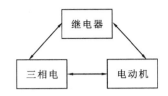

**图 4.14 任务 3 包含的物理系统模块及其关系**

**表 4.14 被试在电动机操作实验中任务 3 上的正确心理模型和解题策略**

| 被试编号 | 任务 3 | 心理模型 | 解题策略 |
|---|---|---|---|
| S1 | 完成 | | 星形接法、同色相连 |
| S2 | 完成 | | 三角形接法、先画图后接线 |
| S3 | 完成 | | 星形接法、类比法 |
| S4 | 完成 | 综合模型 | 星形接法 |
| S8 | 完成 | （图 4.15和图 4.16） | 星形接法、先画图后接线 |
| S9 | 完成 | | 星形接法、先观察面板再接线、类比法 |
| S11 | 完成 | | 三角形接法、画相量图 |
| S12 | 完成 | | 星形接法、假设检验法 |

这些被试除了将星形接法或三角形接法等领域特殊策略迁移至任务 3，还迁移了一些更具一般性的策略，这些更一般的策略往往带有个人风格。在任务 3 中，被试 S2 在连接控制电路时，是两条支路一起连，常常怕端子连接错误，从而需要不断地参照他所画出的电路接线图，反复对照接线图进行检查，从而需要较多的时间去接线。而另一些被试，比如被试 S9 则是两条支路分开连线，因为两条支路是完全对称的（图 4.15），一旦其中一条支路的连接成功了，另一条支路很快就可以实现。被试 S12 也表现出了类似后者的快捷接线策略，他是按照电路的功能来接线的，首先实现控制电路的自锁功能（即按下 SB1 或 SB2 然后松开，电路仍然保持通路），然后实现电路的互锁功能（即按下 SB1 电动机正常运转，此时按 SB2 不起作用；或者相反）。

下面我们对被试 S9 的口语报告片段进行分析：

……

按下它（SB1），它（SB2）不起作用；按下它（SB2），它（SB1）不起作用，SB3 控制它们两个（SB1 和 SB2）。（描述）

嗯——也就是说这两个按钮（SB1 和 SB2）差不多，不对，应该是一样的。再看看。（推论/预测）

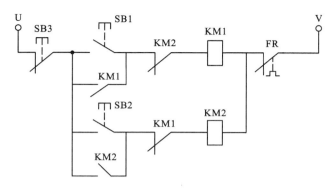

**图 4.15　电动机正反转接触器互锁控制线路图**

按下 SB1 时,使 SB2 无效,那么肯定要使这两端(KM2)没有电压,这个(SB2)也是一样的,让它(KM1)两端没有电压,(短暂停顿),这可能实现互锁功能。(解释)

大概需要连接一些常闭常开结点。互锁就是互相控制,那肯定是1 控制 2,2 控制 1……(推论/预测)

啊,好像还有什么,对,要求松开 SB1 时,电动机照样转,这说明什么呢?(监控、提问)

说明电路仍然是通的,要保证它是通的,不能断开,那还得连一个东西保证这条支路是通的,怎么连呢? 常闭还是常开呢?(解释、提问)

常闭好像不行,如果本来就是闭的,那就不需要开关了,这个黄色的(SB1),绿色的(SB2)也一样。(解释)

那就是常开,常开的话,串联肯定不行,得并联,并在什么地方,等下再考虑。(推论/预测)

哦,这样的话,刚才的互锁就可以串联了,一条路通的时候保证另一条断,对,应该是这样……(监控、推论/预测)

噢,还有,SB3 要控制这两个(SB1 和 SB2),那这两个肯定要接在后边,那不管常开常闭都要接在 SB3 的后边。(推论/预测)……

这样看的话,两条线路的接法应该是一样的,那我实现一条的话,另一条照着接就行了。(推论、预测)

好,我认为已经懂了,应该可以接线了。(监控)

……

这一段口语报告发生在被试 S9 正式接线之前,他试图先理解整个控制电路是怎样工作的，因为他还没有提到电动机主电路（图 4.16）怎样接。当然，他后面还要考虑主电路怎么接，怎么利用继电器实现对电动机的换相。正如被试 S9 的口语报告所表明的，我们发现，与近迁移任务类似，成功完成任务 3 的被试常常能生成大量的解释、推论/预测和监控；所不同的是，所有被试都进行了更多的提问，这也许是远迁移任务更复杂的缘故。我们据此认为，被试通过不断的自我提问和监控，指引着自己思考的方向，逐步排除障碍，逼近问题解决的最终目标。

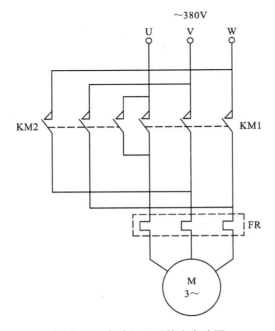

图 4.16　电动机正反转主电路图

此外，我们还发现，成功解决了任务 3 的被试，有的会先利用电路符号画出电路的接线图，然后照图接线（比如 S2），有的则是先利用继电接触控制器的面板来整理自己的思路，然后直接接线。当然，更多的时候，被试是两种策略结合使用，先看控制面板，再画电路接线图，最后动手连线。这与先前未能完成任务 1 或任务 2 的被试形成较鲜明对照，那些被试常常一上来就开始连线，实际上还未弄清楚电路要实现的目标。

至此，我们也发现了一个有趣的现象：无论是在近迁移任务上，还是在远迁移任务上，被试在建构恰当的心理模型和使用正确的特殊问题解决策略时，还会灵活地运用一些个人化的一般解题策略，而这些一般解题策略对特殊策略的迁移起到了积极的促进作用。

　　值得一提的是,在研究过程中,我们还发现,心理模型的复杂性和层次性事实上反映了外部物理系统的复杂性和层次性,即模型是对系统的描述。系统的本质特征之一在于它的动态性,因此心理模型不可避免地带有动态性特征,这与图式的静态性形成了对比。虽然有研究者认为将心理模型归入陈述性知识之中并无多少异议(Chi,2000;杜伟宇,2005)①②,但我们认为,相比于图式这一陈述性知识的综合表征形式,心理模型也具有程序性知识的特征,这主要表现于心理模型可以预测事件和做出推论,即"如果(条件满足了),那么(会出现什么结果)"。"模块"与"系统"的关系正如"if"与"then"的关系,多个模块对应一个系统正如多个 if 对应一个 then。心理模型就是要精细地刻画系统中的模块及其关系,从而形成一种对于解释和预测有用的表征。上文中我们对于被试 S9口语报告的摘录,就体现了心理模型建构的动态过程。

## (四)讨论与结论

　　基于对研究结果的上述分析,我们认为:

### 1.个体基于不同领域知识的心理模型存在差异

　　研究表明,不管是在近迁移任务上,还是在远迁移任务上,高分组的作业表现都优于低分组。从任务 1 到任务 2 是近迁移任务,两项任务都需要三相电和电动机运作原理的领域知识,其所要建构的心理模型也基本一致,因此大多数被试只要完成了任务 1,就比较容易完成任务 2。然而,任务 3 加入了一个控制电路(继电器)。要完成远迁移任务 3,首先需要在前 2 个任务的基础上了解继电器的工作原理,然后还要能形成由三相电、继电器和电动机三个模块组成的较为复杂的心理模型。实际上,完成任务 3 的被试无一例外地显现出他们基于自身的领域知识,较好地表征了这三个模块,形成了更为综合化的复杂心理模型。而那些完成了近迁移但不能完成远迁移的被试往往是不清楚继电器的工作原理与控制操作,难以在原有的两个模块的基础上形成三个模块相互关联的心理模型。由此也可看出,个体基于不同领域知识的心理模型是有差异的。

### 2.个体基于不同的心理模型在问题解决策略的迁移上存在差异

　　个体表征问题的不同心理模型,也会影响问题解决策略的迁移。从任务 1

　　①　Chi M T H. Self-explaining:The dual processes of generating inference and repairing mental models. In Glaser R. Advances in instructional psychology:Educational design and cognitive science,Vol. 5. Mahwah,NJ:Lawrence Erlbaum Associates,2000:161-238.

　　②　杜伟宇.复杂陈述性知识的学习.上海:华东师范大学,2005:24-28.

到任务 2 是在相同实验场景中解决类似的问题，被试可以把完成任务 1 的策略直接迁移到完成任务 2 上。即使被试不能透彻理解任务 1 和任务 2 中的电路工作原理究竟有何不同，他们也能在使用任务 1 的解题策略的基础上，借助类比法、假设检验法等个人化的一般策略来辅助自己最终解决问题。也就是说，这些一般性辅助策略在领域特殊策略的迁移上发挥了积极的作用。在任务 3 上，新增了继电器任务模块，且这个模块本身由多种控制按钮和线路组成，所以任务 3 是较为复杂的。这时，个体若没有形成对继电器的内在模型及包含继电器、三相电和电动机在内的综合化的心理模型，是难以凭借某种一般性策略的运用来完成任务 3 的。个体要完成任务 3，在建构适切的心理模型和使用正确的领域特殊策略的基础上，还需要灵活地运用一些个人化的一般解题策略，以便于更有效地组织自身结构化的知识来解决实验场景中的新问题。由此也不难看出，个体因领域知识、心理模型以及问题解决策略的不同，其问题解决策略的迁移也表现出较大的差异性。

# 第五章　专长与问题解决

本章介绍了专长获得的争议,阐述了专长获得的理论及过程,然后回顾了专家与新手比较研究范式的由来,并从解题速度、解题方式和解题策略三个方面对新手和专家在问题解决上的差异进行了分析。最后通过一项实证研究探讨了策略习得方式对小学数学学优生和普通生简算策略迁移的影响。

## 一、专长及其获得

一般而言,专长(expertise)是指个体在某一领域内精深的知识和专门的技能。专家的专长是如何形成的? 在专长形成过程中,究竟是天赋在起作用,还是后天的训练在起作用? 弄清楚专长获得的实质,有助于我们培养专家型的问题解决者。

### 1.专长获得的争议

考察专家的杰出行为,必须首先回答专家优于常人,是遗传因素的作用还是训练使然。这一论题实际是"天性(nature)"与"教养(nurture)"之争的延续,是研究专长获得必须首先回答的基本问题。

历史上,人们曾将各领域任务的杰出表现和卓越能力归为神秘因素的作用,如星座、体内器官或上帝赋予的礼物。但随着科学的发展,这种神秘主义观逐渐被自然主义观所取代,人们开始将不可察觉、不可言说的神秘因素导向遗传因素。至近代,Galton作为天赋决定论者的典型代表,强调遗传因素决定着个体所能达到的行为水平。他说:"自从他是个新手开始,他就会认为通过教育与训练,自身肌肉的发展几乎没有一个预定的极限,但他很快就会发现每天的收获都在不断递减并最终消失,他的最高水平的成就成为一种严格确定的特征。"[1]在 Galton 看来,教育和训练只能使行为提高到某一较高水平,而无法突破这一上限,天赋决定着个体可能达到的最高水平。在当代,Gardner 是支持此种观点最具代表性的心理学家。他提出了多元智能理论,并认为每种智力均有独特的生物学基础,行为水平受这些智力因素的制约。他说:"似乎这些(具有音乐才能的)孩子确实表现出某些主要来自遗传的节奏感和旋律感,且基本不需要什么外部刺激。"[2]虽然 Gardner 不认为个体具备某种主要来自遗传的优秀智力可确保其成为某领域的专家,但他确实意指缺乏天赋将不太可能获得某领域的杰出能力。

以基因解释人类杰出行为的做法因其简单性而被广泛接受,但这一论断不断受到挑战。来自各个领域的证据均表明,即使是那些早先被认为由基因决定的不可改变的生理特征,也可通过训练而发生改变。Tesch 和 Karlsson(1985)比较了不同专项运动员肌肉纤维传导机制的差异,并比较他们与普通学生的差异,发现不同专项运动员的差异体现在受训部位的肌肉上(如长跑运动员的腿部肌肉及铁饼运动员的臂部和背部肌肉),而在非受训部位与普通人无差异。[3]Ericsson(2003)也证实,耐力跑选手在数年高强度训练后其心脏容积会增大以提高供血量,但在其停止训练后,心脏容积又会逐渐回复至正常的水平。[4] 这些证据说明,在个体一生发展的长期历程中,杰出行为的重要特征是通过经验获得的,且训练对行为改进的作用远比早期预想的大,基因并不能决定个体一生最终所能获得的成就。

在专长研究者看来,训练对获得专长具有决定性的作用。Ericsson(1993)认为,个体通过单一的重复训练无法达到最高行为水准,最高行为水平的获得是长期的。进一步而言,行为的改进并非是训练积累的自然结果,必须通过更优化的训练方式对当前行为做出有意识的重构。也就是说,个体的最终成就是通过刻意努力的训练获得的。Chase 和 Simon(1973)在其弈棋专长的经典研究

---

① Galton F. Hereditary genius:An inquiry into its laws and consequences. London:Julian Friedman,1979:33-45.

② Gardner H. The arts and human development:A psychological study of the artistic process. New York:Basic Books,1994:187-197.

③ Tesch P A,Karlsson J. Muscle fiber types and size in training and untrained muscles of elite athletes. Journal of Applied Physiology,1985,59(6):1716-1720.

④ Ericsson K A. The development of elite performance and deliberate practice:an update from the perspective of the expert performance approach. In Starkes J,Ericsson K A. Expert performance in sport:Recent advances in research on sport expertise. Champaign,IL:Human Kinetics,2003:49-81.

中发现,没人能在少于 10 年的专注练习期限内达到国际级水平。[①] Hayes (1981)也指出,音乐作曲领域中顶级水平的获得至少需要 10 年的前期训练准备,他计算得出,从个体开始学习音乐到写出最著名的作品通常需要大约 20 年时间。在其他领域,如 X 射线诊断等医疗诊断领域(Lesgold,1984;Patel et al, 1991)中,顶级专家专长的获得也至少需要 10 年专注准备。在这里,中国人朴素的人生经验,如"十年磨一剑""台上一分钟,台下十年功"与专长心理学的研究不谋而合。

### 2.专长获得的一种解释:刻意训练理论

Ericsson(1993)认为,对个体最终成就起决定作用的长期的、特殊的训练活动就是刻意训练活动,其由指导者专门设计,用以改进个体当前的行为水平。

刻意训练活动经过专门设计,与工作活动及玩耍性活动这两种重要的领域相关活动有着诸多区别,此三种活动的目标、代价和回报均有差异,且个体从事这些活动的频率也有所差异。

工作是指那些由报酬驱动的公众活动、竞争和服务,以及由外部奖赏直接驱动的其他活动。工作活动最主要的特征是有时间限制,即金钱或其他外部奖励要求个体在规定时间内表现出较高水平行为,且不能完成工作或犯错误的代价很大。因此,在工作活动中个体倾向依靠早先已掌握的方法解决问题,而不愿探索新的、更有效的,但未知可靠性的方法。在这种意义上,工作和刻意训练的差异十分明显:尽管工作活动提供了学习的机会,但因外在激励因素的制约而远未达到最优化水平;相反,刻意训练的反馈是行为改进的内在满足感,它可使个体反复操作,从而使其留意行为的关键特征并依据反馈信息不断改进行为。

玩耍指那些没有明确目的且本身具有娱乐性的活动,其最主要特征是活动本身具有内在娱乐性,能使个体长时间内自发进行这些活动。Csikszentmihalyi (1990)曾描述了一种娱乐状态的"泛滥"现象,在这种状态下个体完全沉浸于某种活动当中;运动领域所报告的巅峰体验也揭示出无须付出努力执行某种活动时所获得的娱乐感。玩耍活动的这种无须注意的娱乐状态与刻意训练所要求的保持注意以通过反馈信息使行为获得改进的状态完全不同。刻意训练是一种高度结构化的活动,其目的明确指向行为的改进,设计特殊的任务以帮助个体克服缺点,个体的行为也被仔细监控以提供进一步改进的线索。

---

① Chase W G,Simon H A. Perception in chess. Cognitive Psychology,1973,4(1): 55-81.

基于上述分析可见，刻意训练具有如下特征：一是需付出有意识的努力，二是不具有内在娱乐性，三是不获得即时的外在激励反馈，四是目的在于改进个体当前行为水平，五是不同领域有效的刻意训练活动不同。[①]

### 3. 基于刻意训练理论的专长获得过程

Bloom(1985)基于发展的视角，描述了一个人成长为特定领域顶级专家的三个阶段，即常规性专长(routine expertise)的发展阶段：在儿童时期，他们很早便投入其领域的玩耍性活动中；在一段时间的玩耍性经历之后，他们表现出某种"倾向性"，此时，父母开始寻求教师的帮助并进行有限时间的刻意训练，支持其形成训练的常规习惯，并通过使他们注意到行为的进步而认识到这些训练的工具性价值；随着经验的增加和刻意训练水平的提高，他们在其领域的表现反映出一种训练与"倾向性"不可分的整合。基于 Bloom 的描述，Ericsson 等(1994)提取出了个体领域专长发展的阶段特征，如图 5.1 所示。

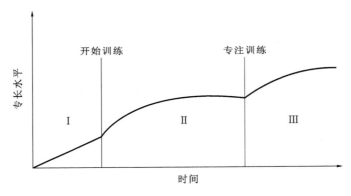

**图 5.1　个体领域专长发展的阶段特征**

在图 5.1 中，阶段 I 始于个体参与某领域活动，止于刻意训练开始；阶段 II 包括长时的准备期，止于全身心地投入刻意训练；阶段 III 包括专注投入刻意训练以改进行为，止于个体可在该领域作为职业人士谋生或止于不再进行全身心投入的训练。Ericsson 进一步补充认为，上述 3 阶段需要扩展至第 IV 阶段，即达到顶级行为水平，在该阶段个体全面超越了其导师的知识和技能水平，并能对该领域做出原创性贡献。Ericsson 认为，在所有四个阶段，刻意训练的时间量和水平都决定着个体的当前行为水平及其进一步提升的速度。

---

① 郝宁，吴庆麟. 刻意训练——解释专长获得的一种理论. 当代教育论坛，2006(4)：23-25.

Ericsson 提出的这种以刻意训练解释不同水平专长获得的理论以单调收益假设为基础,也就是说,个体投入刻意训练的时间量与其达到的行为水平单调相关(即行为水平随刻意训练的时间量单调递增)。因此,依据这一假设,个体应当使其参与刻意训练活动的时间量最大化以获得最高水平的行为。但 Ericsson 指出,刻意训练并非短期的或简单的,需至少 10 年的时间,并应克服如下三种限制方可获得最优化:① 资源限制。刻意训练需要个体投入时间及精力,以及能够获得老师的指导、训练材料和训练器材的支持。② 动机限制。参与刻意训练并非如游戏般自然获得行动的动力,个体必须认识到刻意训练对其进一步行为改进的重要意义。③ 努力限制。刻意训练是一种需付出努力的活动,必须每天进行,但训练的时间应有限度,不能导致身心疲惫或崩溃。

# 二、专家和新手的问题解决比较

前已述及,刻意训练理论向我们昭示了光明的前景,新手坚持每日定时定量的、高标准的、有高水平专家指导的、多年如一日的刻意训练,是有可能成为专家的。但新手和专家在问题解决上究竟存在怎样的差异,这是新手成长为专家必须正视的问题。

## (一)专家和新手比较研究范式

De Groot(1947,1978)、Chase 和 Simon(1973)在国际象棋领域内对象棋大师和一般棋手的比较,是问题解决中专家和新手比较研究范式的肇始。

De Groot 在其博士论文中以实验方式,从心理学角度分析了象棋大师和一般棋手在国际象棋活动中的思维过程,探讨了两者如何解决棋着选择问题(choice-of-move-problem)。[①] 研究表明,象棋大师和一般棋手在棋着的选择上存在思维和知觉等方面的差异,具体表现有:象棋大师能够准确记忆 20 个左右棋子的位置,而棋力弱、经验不足的棋手只能记忆 4～5 个棋子的位置;象棋大师具备大量着法,如策略性目的和手段、在某类棋形中的常规定势、组合棋着等,而棋力弱、经验不足的棋手则没有这些着法;对某些棋形,象棋大师看一眼就马上知道着法,而棋力弱、经验不足的棋手却要步步为营,如发现问题、计算棋着、出声思考、推测结果等;象棋大师通过手段抽象的方法,可以"看透"棋盘上的棋势以及应对着法。之所以象棋大师和一般棋手在下棋思维上存在差异,主要是缘于象棋大师经过大量的象棋对局已经获得了大量的知识,他们更可能

① De Groot A D. Thought and choice in chess. The Hague,Netherlands:Mouton. 1978.

识别有意义的棋形,并意识到这些棋形所蕴含的可能策略。De Groot 的研究,使研究者开始意识到,专家与新手的差异并不是常识所说的那样,如思考更为周全、细致等,而是专家在获得大量的经验后,形成了一些新手不具备的能力,如有意义知觉模式等。

从 De Groot 的研究中受到启发,Chase 和 Simon(1973)运用棋盘再现(复盘)任务,探讨了国际象棋大师所拥有的模式或组块的实质内容,以及在长时记忆中所保存的知识的数量和结构。① 研究表明,在真实棋局中,象棋大师能复盘大部分棋子,而一般棋手只能复盘少量棋子;在非真实对阵棋局(随机摆放棋子)中,象棋大师和一般棋手能恢复的棋子数都比较少。Chase 和 Simon 认为,这种与复盘有关的非凡记忆能力,应归因于象棋大师经过多年练习而获得的大量知识库(knowledge base),这些知识库包括生成棋着的程序、棋着和棋形的定势等。② 从信息加工角度,个体从外界所接收的新近事件,从长时记忆中激活的知识,以及在执行复杂信息加工任务时所生成的中间步骤,都被认为存放在短时记忆内,并可随时读取。短时记忆的容量虽然只有(7±2)个组块,但组块可大可小。具体到国际象棋领域,专家在看真实对阵棋盘上的 25 个棋子时,并不是将它们看成 25 个孤立的棋子,而是根据棋子之间的关系,将它们看成若干组块,这些组块是大师在多年下棋过程中经常遇到的,已经成为他们非常熟悉的模式。Chase 和 Simon 在短时记忆框架内提出的以组块来解释专长的方式,被后人称为"组块理论"(chunking theory)。

埃里克森等(Ericsson et al,1980)曾对如何增强一名大学生记忆随机数字串(如 982761095⋯⋯)的能力进行了一年多的广泛研究。正如所料,开始时他只能记住大约 7 位数字。经过训练之后,他能记住 70 多位数字。他是怎样做到的呢?埃里克森发现,事实上这名大学生学会了运用自己的具体背景知识去把零散的信息"组块"成意群。原来,他知道大量的有关著名田径比赛的时间纪录,包括本国的和世界纪录。比如,941003591992100 可以组块成 94100(100 码9.41 秒),3591(1 英里 3 分 59.1 秒)等。但这名大学生要进行大量的训练才能达到目前的水平,当任务转换为要求记忆字母串时,他的记忆又回复到 7 个条目的水平。这个例子中,这名被试之所以能成为记忆随机数字串的专家,主要是由于他结合自己的知识背景对这些零散的信息进行了有意义的组块,从而使得每个组块容纳的信息量大大得以提升。

---

① Chase W G,Simon H A. Perception in chess. Cognitive Psychology,1973,4(1):55-81.

② Chase W G,Simon H A. The mind's eye in chess. In Chase W G. Visual information processing. New York:Academic Press,1973:215-281.

自此,专家和新手比较研究范式被大量应用到不同领域的问题解决中,如 Egan 和 Schuartz(1979)进行了专家和新手重构电子线路图策略研究、Larkin (1981)进行了专家和新手表征物理问题研究、Sweller 等(1983)进行了专家和新手解决物理和几何问题策略研究,等等。[1]

### (二)专家和新手问题解决差异

De Groot、Chase 和 Simon 等的研究已证实专家和新手在问题解决上是存在差异的。但这种差异表现在哪些方面呢? 在此,以 Simon 和 Simon(1973)所做的专家和新手解决动力学问题研究为例,来解释专家和新手的差异。[2] 在 Simon 的研究中,专家不是专业的物理学家,而是一个解决过许多物理问题,并且接受过良好训练的人;新手是一个几年前学过物理学的人。研究表明,新手和专家在解题的速度、方式和策略上存在一定的差异。[3]

#### 1.解题速度

在这个实验中,给出一些问题,并要求被试出声思维。比如:

> 一颗子弹从枪口射出的速度为 400 米/秒,枪膛长 0.5 米。假定子弹在枪膛内做匀加速运动,求子弹在枪膛内的平均速度和在枪膛内所走的时间。

研究结果显示,新手要用 4 倍于专家的时间来解决这些问题,并出现了一些错误;而专家并没有这些错误。此外,从外在行为来看,专家和新手的解题思路都是一样的,如他们都是从阅读问题开始的,都能回忆出用哪种方法来解决问题,都能解决这个问题。不同的是,新手有时要查阅一下物理书,以确认所用方法或公式是否正确。

#### 2.解题方式

进一步研究发现,如果在解题后再向被试提出问题,并分析他们的口语报

---

① 汪安圣,李旸.专家和新手在问题解决中的不同思维模式.应用心理学,1987(6): 3-11.

② Simon D P,Simon H A. Individual differences in solving physics problems. In Siegler R S. Children's thinking:What develops. Hillsdale,NJ:Lawrence Erlbaum Associates,1978: 325-348.

③ 胡谊.专长心理学——解开人才及其成才的密码.上海:华东师范大学出版社,2006: 62-65.

告,就会发现他们之间存在着差别,如公式的利用效率、关注的问题特征等。例如,问到以下问题时,专家和新手的回答是不一样的:

> 子弹在枪膛里的平均速度是多少?
>
> 专家说:"很明显,400 米/秒的一半是 200 米/秒。"
>
> 新手说:"平均速度等于初速度加末速度再除以 2,即等于 0 加 400 米再除以 2,等于 200 米/秒。"

由此可见,专家和新手在解题方式上的三大差异:首先,专家虽然实际上也利用公式解决这个问题,但很少提到用什么方程或定理;而新手却常常提到用了什么公式,然后把数代到公式中去才能得到结果。因此,专家一步就能解决的问题,新手需要更多步骤才能解决。其次,在口语记录的分析中发现,专家话语速度比新手快一倍,而话语量只是新手的一半。专家的口语报告之所以短且快,是因为许多中间的步骤没在短时记忆(工作记忆)中出现,所以报告不出来。也就是说,专家的程序性知识达到了相对的自动化。最后,专家的口语报告内容多数与问题有关,很少涉及题外话,而新手过多地描述和评价自己的解题过程。比如,"哎呀,这道题应该怎么做呀?""我怎么做错了?""应该是每秒 200米,这应该是对的"。而在专家的口语报告中则很少出现类似的叙述。

### 3. 解题策略

通过具体分析口语报告中展现的过程,Simon 发现新手采用手段-目的分析法来解决问题,而专家采用正向推理(向前推理)。在解决问题的过程中,新手首先想:我要求平均速度,而平均速度等于初速度加末速度再除以 2[即平均速度=(初速度+末速度)/2],现已知初速度和末速度,又知道平均速度,要求子弹在枪膛内经历的时间,就想起了公式"时间=距离/平均速度",最后就得到了时间。而专家的解题过程是:一开始,专家不去注意哪几个变量是未知的,而是注意哪些变量是已知的。比如,他首先发现已知初速度和末速度,就能利用正确的公式得到平均速度。因此,专家不是从问题的目标(即未知量)往回走,而是从问题的初始状态(即已知量)往前走,通过扩展已有的知识来解决问题。

专家采用有别于常人策略的原因在于,专家看到问题时,发现提供了什么数据,就立刻想到用哪些公式或定理能得到新的信息,从而对问题的相互关系增进了解。也就是说,专家面对一种情境,能从中得到一些信息并马上进行推论,从这个推论中又可得到新的信息,这样就对问题情境有了尽可能多的了解。Simon 把这种简单的、立即就能得到答案的过程称为即时推理(immediate reasoning)。这种推理往往是意识不到的,有时甚至是一种模式识别的能力。因此,通过对事物的表面现象作即时推理,所得到对事物的认识往往超越了表面现象直接提供的信息。因此,专家一旦看到一个属于他的知识领域的问题,就能通过即时推理得到丰富的信息,从而不必做手段-目的分析就能得到有关的结论。有时专家在解决一个困难问题,而又一时解决不了时,他就会把问题放在一边,从已有信息继续扩展,以得到更多信息,并将这些信息存入记忆中,这就是一种信息搜集策略。当然,专家有时也会使用手段-目的分析来解决问题,而这种方法的好处就是使搜集有了明确的方向,从而缩小搜索的范围。

此外,专家解决问题时总是用简单的、容易理解的方法,而新手则往往采用复杂的方法。从口语报告中可以明显看出,专家在解决较难的物理学问题时,不是用抽象的方程式想问题,而是根据生活经验,通过将具体情境表征为视觉表象来解决问题。专家之所以能够很快地解决问题,是因为他们在过去曾经多次遇到相同或相似的问题,从而能够将问题情境中的一些关键特征再认为熟悉的组块,从而能够利用视觉表象解决问题。而新手没有这些组块,他们不得不采用手段-目的分析的方法解决问题。

综上,Simon 将知识丰富领域问题解决中专家-新手差异归纳为以下三点:① 专家并不关注问题解决的中间过程,他们可以很快地解决问题,而新手需要很多中间过程,且要有意识地加以注意。这种差别使专家的口语记录很简短,解决问题的速度也较快。② 新手往往是先明确目标,采用从未知到已知的方式解决问题,是一种手段-目的分析的过程;而专家要么进行即时推理,要么通过搜集信息,采用从已知到未知的方式解决问题,表现为一种再认的过程。③ 专家更多地利用生活经验的表征来解决问题,表现为直觉的特点,新手则更多地依赖正规的方程式解决问题。

# 三、培养专家型问题解决者

前面以刻意训练理论为基础,解释了专长获得的过程,并比较了新手和专家在问题解决上的差异。接下来,重点探讨如何在学科领域培养专家型问题解决者,即学科领域学习者如何成长为专家型问题解决者。

## (一)专家型问题解决者的成长阶段

在具体的学科领域,新手成长为专家一般需要经历三个阶段。[1]

---

[1]　李同吉,吴庆麟,胡谊.学科领域专长发展的阶段观评述.上海教育科研,2006(1):43-45.

### 1.适应

专长的最初阶段是适应。学习者进入一个复杂的、不熟悉的学科领域时首先需要的是适应。在这一阶段，学习者的知识是有限的和零碎的，且缺少原理性知识，即领域知识中高度整合的部分。学习者只能利用表层水平的思考来形成图式，在遇到具体领域问题时常常采用表层加工策略。学习者的动机通常来自外部，与学习领域无直接关联。这一阶段的学习者解决问题的信心和毅力较为欠缺。如果觉得自己解决不了某个问题，就不大可能在该问题上花太多时间。他们只能考虑很少的步骤，而不能完成需要很多步骤的问题。

### 2.胜任

从适应向胜任转化的标志是知识基础在量和质两方面的变化。能胜任的个体不仅具备大量的领域知识，而且其知识是整合性的和原理性的。学习者具备了有用的基本事实知识和程序性知识，运用知识时不需要借助参考书，遇到难题时会整合使用表层加工策略和深层加工策略。学习者对领域的个人兴趣不断增强，动机既有外部的，也有内部的（如问题驱动）。这一阶段的学习者在遇到难题时会花更多的时间解决问题，只有当自己实在不能解决时才会选择放弃和寻求外部帮助。他们开始解决多步骤问题，但往往难以完成。

### 3.熟练／专长

从胜任向熟练转化，需要学习者在知识、策略性加工和兴趣三个方面均发生改变。在这个阶段，学习者不仅夯实了精深、宽广的基础知识，还可为该领域创造新知。学习者熟悉该领域的问题和方法论，并且总能积极地发现问题。学习者的问题解决策略几乎纯粹是深层的高水平的加工策略。学习者对于该领域的兴趣浓厚，能对该领域的活动长期保持高水平的投入。

### （二）专家型问题解决者的培养策略

上述学科领域专家型问题解决者的成长阶段，揭示出了新手成长为专家在领域知识、策略性加工和兴趣发展方面的典型特征。这对教育者培养专家型问题解决者具有重要启示，即依据学科领域专长的不同发展阶段，对学习者实施有针对性的刻意训练。具体包括以下两个方面。

第一，在教什么的问题上，要把知识的传授、兴趣的培养，以及认知策略和元认知策略的训练结合起来。知识的获得是对于专长发展最具本质意义的方面，是决定专家行为的关键，这是众多专长研究的一大共识。策略的训练同样重要,在学习者向胜任和熟练转变的过程中,需要训练学习者的认知策略和元认知策略。具体方法是,在相关情境中反复锤炼策略的使用,并鼓励学习者改变策略和综合使用各种策略以适合自己和问题的特点。兴趣是发展学科专长最好的老师。虽然知识和策略是专长的核心,但兴趣,尤其是个人兴趣[①]与学习者的个人努力密切相关。兴趣可以影响学习者愿意投入学习的时间,而学习者投入学习的时间尤其是刻意训练的时间又可以预测专长的发展。为此,可让学习者从事感兴趣的主题和任务,并沉浸在有意义的学习中,借以增强学习者对于该领域问题的兴趣和胜任力。当学习者从事自己感兴趣的任务时,尤其是当学习者的技能水平(胜任力)与其所面对的任务的难度相匹配时,学习者会有一种流畅的幸福体验,即所谓心流(flow,也译"福流")体验。沉浸在心流状态中的人,往往是全身心投入某件事情的,常常会忘记时间的流逝。

第二,在如何教的问题上,要根据学习者所处的不同学科专长发展阶段,选择不同的教学策略。比如,在学科专长发展的早期,如何帮助学习者渡过适应阶段?由于适应阶段的学习者只有有限的零碎知识,这种片段知识伴随着很少的投入,且高度依赖表层水平的策略。因此,首先,要帮助适应阶段的学习者确定哪些内容是核心的,哪些是边缘的;哪些信息是精确的和得到论证的,哪些是不准确的或不可靠的。其次,还要明确地指导学习者如何使用策略,因为他们往往会无效或低效率地使用自己原有的策略。最后,要帮助努力适应的学习者建立和该学科领域的个人联系,播下个人兴趣的种子,使其具有持久的内部学习动机。

当然,在学科领域培养专家型问题解决者的过程中,也要注意适切性,要切实遵循专长发展的特点和规律,循序渐进,不要盲目地拔苗助长。

## 四、实证研究Ⅳ:策略习得方式对小学生算术简算策略迁移的影响

不同的策略习得方式(自我发现策略和他人教授策略),对不同数学问题解决专长水平学生(学优生和普通生)的算术简算策略迁移有何影响?实证研究Ⅳ试图说明和解释这一点。

---

① 心理学家将兴趣划分为个体兴趣(个人兴趣)与情境兴趣。个体兴趣指的是随着时间的推移而不断发展的、一种相对稳定持久且与某一特定主题或领域有关的动机取向、个人倾向或个人偏好,它与知识、价值观及积极情感相连。而情境兴趣则发生在环境中的某些条件、刺激或特征具有吸引力并为个体所认识的那一刻,它包括激发与维持两个层面。两者在稳定性、持久性、情感反应与关注点等方面均有所不同,但又彼此影响、相互转化且不可分割。孔子所说的"发愤忘食,乐以忘忧,不知老之将至"便是个人兴趣的生动写照。

## （一）问题提出

策略的学习是学生学习的一个重要组成部分。在学习过程中，学生面对新问题时，可能通过自己独立探索发现解决问题的有效策略，也可能通过他人讲解获得一个解题策略。但经由不同的途径所获得的策略，其运用效果有很大的差别，甚至直接关系到该策略能否迁移至新的问题情境中。即便是同在直接教学的条件下，学生对同一策略的掌握情况也不尽相同。有的学生对策略掌握得比较好，能够从中获益；有的学生却很少从中获益，甚至不能运用新学习的策略。经常遇到的一种情况是，一些学生通过他人的讲解，机械地记住了策略执行的每个步骤，在遇到相同问题时按步骤行事，顺利地解决了问题；但当问题情境稍加改变时，他们就束手无策了，策略的迁移难以发生。根据布鲁纳的观点，发现学习除了有助于激发学生的学习动机，还有利于学生对知识的编码和储存，进而保证将来使用时成功提取。进一步而言，策略的习得方式与理解程度直接关系到策略的运用和迁移。

以往的策略研究更多的是比较学优生和学困生的策略特点，借以优化学困生的策略运用。然而，学优生和普通生在策略习得和使用上是否存在差异，以及存在怎样的差异，却很少受到关注。毕竟普通生是占据较大比例的学生群体，所以这一群体的发展也应给予重视。为此，本研究以小学一年级学生为被试，试图探讨不同策略习得方式（自我发现策略和他人教授策略）对数学学优生和普通生算术简算策略迁移的影响。这不仅对了解儿童认知发展具有重要意义，而且对优化策略教学具有重要参考价值。

## （二）研究方法

### 1. 被试

某省属大学附属小学一年级学生 55 名，经算术运算能力预测验和前测筛选出原本不会使用简算策略的学生 38 名，其中男生 21 人，女生 17 人；学优生 16 人，普通生 22 人，每组一半学生通过自己做题独立发现简算策略，另一半学生则由主试教授简算策略。

### 2. 实验设计

本研究采用 2（策略习得方式：自我发现策略、他人教授策略）×2（学生类型：算术学优生、算术普通生）被试间设计。自变量一为策略习得方式，自变量二为学生类型，因变量为学生在近迁移和远迁移测验上的成绩。因此，构成四种实验条件:学优生自我发现简算策略、学优生他人教授简算策略、普通生自我发现简算策略和普通生他人教授简算策略。

### 3. 实验材料

实验材料见附录 6。

(1)算术运算能力预测验试题。算术运算能力预测验为 50 道 20 以内的加减法题目,为纸笔测验。

(2)算术简算策略前测试题(用以探测被试是否已掌握算术简算策略)。共 12 道题目,由 E-Prime 2.0 编写,在电脑屏幕上随机呈现,包括 6 道 20 以内的相反数问题①(比如 6+8－8)和 6 道 10 以内的标准题目(比如 6+3－2)。

(3)算术简算策略学习材料。为 20 道相反数题目,由 PPT 呈现。

(4)算术简算策略后测试题。共 40 道题目,由 E-Prime 2.0 编写,在电脑屏幕上随机呈现,电脑记录反应时和答案。其中包括 10 道标准题目(比如 7+4－3),10 道近迁移题目(数字变化而形式不变,如 7+9－9),10 道远迁移题目(数字和形式均变化,如 13－5+5),以及 10 道不能应用相反数简算策略的题目(如 13－5－5)。

### 4. 实验程序

实验指导语见附录 6。

(1)算术运算能力预测验阶段。正式实验前一天集体进行算术运算能力测试,采用纸笔测验,共 50 道题,测试时间为 5 分钟,无论被试是否做完,按规定时间收卷,统计测验得分作为分组依据。

(2)算术简算策略前测阶段,在计算机上进行,共 12 道题,按键记录反应时并输入答案。为了避免由于被试按键而延长反应时,统一由被试口头说出答案,主试按键反应。通过电脑记录的反应时及前测后被试的口语报告来判断其是否已掌握相反数简算策略。如果在预测试中相反数题目反应时明显短于标准题目,并且被试在报告中没有说运算过程,直接得出第一个数,则认为他/她本来就会使用简算策略,反之则认为他/她还不会使用相反数简算策略。通过前测筛选出尚未学会简算策略的被试。

(3)算术简算策略学习阶段。采用 PPT 呈现相反数题目,一半被试通过做题自我发现策略,另一半被试直接由主试教授策略。当主试发现被试做题速度

----

　　① 本实验中采用的相反数问题是指 $a+b-b$ 形式的问题,本实验中所说的简算策略是指针对 $a+b-b$ 形式的相反数问题,被试不必经过加减运算,只要观察第一个数字,就能迅速得出答案的策略。简算策略后测中,使用 $a+b-b$ 形式的题目作为近迁移测试题目,$a-b+b$ 形式的题目作为远迁移测试题目,其他形式的题目作为不能使用相反数简算策略的题目。

明显加快时询问其解题方法，用以判断其是否已习得简算策略（即加上一个数，再减去同样一个数仍然等于原来那个数）。如果被试的反应时短于 3 秒，并且口语报告运用了简便方法，那么就可以进行后测。整个策略发现或学习阶段持续 10～15 分钟。

（4）算术简算策略后测阶段。在电脑屏幕上随机呈现测试题目（共 40 题），并收集被试的反应时和答案。实验仍采用被试口头说出答案，主试按键反应的方式进行。输入答案后，会停留在反应时反馈界面，主试询问被试是怎样得到答案的。主试根据被试的回答并辅以自己的观察，在策略记录表中记录相应策略的选择，之后主试按任意键进入下一题。

### 5.数据分析

使用 SPSS 17.0 对数据进行统计处理与分析。

## （三）结果与分析

本研究发现，无论被试是否运用简算策略，基本上都能够得到正确答案。我们分别对学优生和普通生简算策略习得前后，其解题的正确率进行配对样本 $t$ 检验，发现他们各自的解题正确率均没有显著差异。因此，将正确率作为简算策略运用的因变量指标可能不够灵敏，本研究主要通过题目运算的反应时和简算策略迁移率来衡量被试的算术运算成绩。

### 1.学优生和普通生算术运算成绩的描述统计和差异检验

学优生和普通生在算术运算前测（共 12 题）和后测中反应时的描述统计结果如表 5.1 所示。

表 5.1　　　　学优生和普通生算术运算反应时的描述统计（$M \pm SD$）

| 项目 | 学优生（$N=16$） | 普通生（$N=22$） |
|---|---|---|
| 前测总平均反应时/ms | $7195.35 \pm 1612.39$ | $12427.48 \pm 5074.57$ |
| 前测相反数题目平均反应时/ms | $8309.64 \pm 2500.78$ | $14711.27 \pm 6481.09$ |
| 后测总平均反应时/ms | $9372.46 \pm 2544.04$ | $11866.16 \pm 2981.12$ |
| 后测近迁移平均反应时/ms | $8972.35 \pm 4824.81$ | $8758.41 \pm 3967.88$ |
| 后测远迁移平均反应时/ms | $9348.69 \pm 2563.95$ | $12052.44 \pm 4262.51$ |
| 运用简算策略平均反应时/ms | $5694.63 \pm 1397.21$ | $5982.77 \pm 2074.15$ |

对学优生和普通生前测的总平均反应时进行独立样本 $t$ 检验，发现差异显著，$t=-3.806$，$p<0.01$；对学优生和普通生前测中相反数题目平均反应时进

行独立样本 $t$ 检验,发现差异显著,$t = -2.804$,$p < 0.01$;对学优生和普通生后测总平均反应时进行独立样本 $t$ 检验,发现差异显著,$t = -2.464$,$p < 0.05$;对学优生和普通生后测中的远迁移题目的平均反应时进行独立样本 $t$ 检验,发现差异显著,$t = -2.105$,$p < 0.05$;在这四个反应时指标上,学优生的平均反应时都显著短于普通生的平均反应时。对学优生和普通生后测中的近迁移题目的平均反应时进行独立样本 $t$ 检验,发现差异不显著,$t = 0.133$,$p > 0.05$。对学优生和普通生后测中直接使用简算策略的平均反应时进行独立样本 $t$ 检验,发现差异不显著,$t = -0.446$,$p > 0.05$。从这里可以看出,经过简算策略的学习,两类被试在近迁移上的表现类似,而学优生的远迁移表现好于普通生。值得一提的是,一旦普通生和学优生在后测问题解决中都直接使用了简算策略,两者反应时的差距就不再显著,体现了简算策略的优势。

### 2. 学生类型和策略习得方式对策略迁移的影响

以策略习得方式和学生类型作为分组变量,以后测总平均反应时为因变量进行方差分析,发现学生类型的主效应显著($F = 4.513$,$p < 0.05$),学优生的后测总平均反应时显著短于普通生;策略习得方式的主效应不显著($F < 1$);学生类型和策略习得方式的交互作用显著($F = 4.805$,$p < 0.05$)。进一步的简单效应分析发现,普通生在自我发现策略条件下的反应时显著短于他人教授策略条件下的反应时($F = 4.801$,$p < 0.05$),而学优生在两种条件下则没有显著差异($F = 1.720$,$p > 0.05$)。这表明两种策略习得方式对学优生的策略迁移影响差别不大,但是对普通生而言,自我发现策略比他人教授策略更有利于他们对简算策略进行迁移。

以策略习得方式和学生类型作为分组变量,以后测近迁移题目的平均反应时为因变量进行方差分析,发现学生类型的主效应不显著($F = 1.722$,$p > 0.05$),策略习得方式的主效应也不显著($F = 2.248$,$p > 0.05$),但学生类型和策略习得方式的交互作用显著($F = 5.000$,$p < 0.05$)。进一步的简单效应分析发现,相对于他人教授策略条件,在自我发现策略条件下普通生的近迁移题目反应时更短($F = 9.772$,$p < 0.01$),而学优生在两种条件下反应时差异不显著($F < 1$)。对近迁移题目迁移率的分析得到了与此相一致的结果。

以策略习得方式和学生类型作为分组变量,以后测远迁移题目的平均反应时为因变量进行方差分析,发现学生类型的主效应显著($F = 15.352$,$p < 0.05$),学优生的远迁移题目平均反应时显著短于普通生;策略习得方式的主效应显著($F = 10.581$,$p < 0.05$),自我发现策略的被试在远迁移题目上的平均反应时显著短于他人教授策略的被试;但学生类型和策略习得方式的交互作用不显著

（$F<1$）。进一步对远迁移题目的策略迁移率进行分析，可以看到学生类型的主效应不显著（$F<1$）；习得方式的主效应显著（$F=5.065,p<0.05$），自我发现策略条件下，被试在远迁移题目上策略的迁移率要显著高于他人教授策略；策略习得方式和学生类型的交互作用不显著（$F<1$）。

对近迁移和远迁移两类问题的迁移率进行配对样本 $t$ 检验，发现近迁移题目上的迁移率要显著高于远迁移题目（$t=3.462,p<0.001$）。这表明，远迁移题目对被试而言比近迁移更难，这一方面说明策略迁移要求个体对策略有较深程度的理解（类似"条件性知识"），另一方面也说明本研究选用的远近迁移题目是科学的，有区分度的。另外，对学优生和普通生的过度迁移（即在非 $a+b-b$ 和 $a-b+b$ 形式的题目上应用简算策略而导致错误答案）题目数量进行卡方检验后发现，学优生在两种策略习得方式下，过度迁移无显著差异（$\chi^2=4.063,p>0.05$），普通生在两种策略习得方式下，过度迁移也没有显著差异（$\chi^2=4.943,p>0.05$），这可能是由于被试识别出了简算策略适用的问题形式与不适用的问题形式之间的差别所致。

### （四）讨论

#### 1. 高级策略的优越性和个体差异对算术运算表现的影响

有研究者在利用相反数题目研究儿童的策略发展机制时总结出一年级儿童所使用的策略，由低级到高级分别为：支持策略、支持提取策略、顺序提取策略、无意识简算策略、计算-简算策略、简算策略。[①] 在本研究中，由于儿童在学习阶段便已经意识到简算策略，且支持策略（数手指）没有人使用，支持提取策略也只是偶尔出现，因此我们主要记录了支持提取策略、顺序提取策略、计算-简算策略、直接简算策略，并主要分析了后三种策略。其中，直接简算策略作为最高级的策略，不管是在计算速度还是准确性上都体现出了明显的优越性。比如，在本研究中，前测时被试计算相反数题目的平均反应时为（$11510.45\pm6952.83$）ms，而后测中直接使用简算策略的平均反应时为（$5838.69\pm1743.78$）ms，使用简算策略后反应时间大大缩短。Shrager 和 Siegler（1998）使用微观发生法对美国儿童学习相反数策略进行研究时，发现学会了策略后儿童在计算相反数题目时反应时在 4s 以内[②]，秦安岚（2005）对我国儿童的研究表明学会相反数策略后儿童的

[①] 秦安兰.小学生相反数简算策略发生和发展的微观发生学研究.重庆：西南大学，2005：5-12.

[②] Shrager J,Siegler R S. SCADS：A model of children's strategy choices and strategy discoveries. Psychological Science,1998,9(5):405-410.

反应时在 3s 以内[①]。而当前实验中简算策略反应时比先前研究要长,可能是由于实验程序中是由儿童说出答案,主试再输入电脑所造成的时间延迟导致的,尽管如此,我们依然可以较为直观地从数据上看到使用简算策略可以明显缩短学生的计算时间。

除此之外,策略的学习也可以促进学生对数学概念的理解。加上一个数再减去同一个数,可以帮助儿童理解加法和减法之间的关系。在实验过程中,观察到的一个较为普遍的现象是一年级学生的加法运算要比减法运算好,计算起来更迅速,也更准确。这可能是由于此时儿童正处于前运算向具体运算阶段的过渡时期,思维的可逆性发展尚不成熟;也可能是他们受到了更多的加法训练所致。

从研究结果中,我们可以发现学优生和普通生在运用直接提取策略时,反应时有着明显差异。在前测中,不管是总平均反应时,还是相反数题目反应时,普通生的反应时明显比学优生长;在后测中,总平均反应时上,普通生依旧比学优生长。但在近迁移题目上,学优生和普通生的反应时并无显著差异;同时,在直接运用简算策略解决近、远迁移题目上,两者的反应时也无显著差异。一般的策略运用都包括策略提取、策略选择和策略执行三部分,但是简算策略在被选择出来后,执行就是直接给出第一个加数作为答案,而直接提取策略则是在选择了计算方法后,再从长时记忆中提取两步运算的答案,因此根据学优生和普通生在直接提取策略和直接简算策略上所体现的分化效应,可以做出如下推论:两类学生在刚学习一个新策略时,在策略提取和策略选择这两个部分依旧处于相同水平,即此时学优生并不是从一开始便体现了优越性,只是随着策略的发展,在先前的知识储备以及其他相关因素的影响下,学优生和普通生对高级策略的运用开始出现分化。[②]

## 2. 策略习得方式对策略迁移的影响

在有关策略习得方式对迁移影响的研究中,由于不同研究者采用的实验材料有所差异,教学程序也没有统一标准,因此得到的结论并不一致。就本研究而言,在小学一年级学生身上,自我发现策略相对于他人教授策略的优越性已经体现出来。在对策略进行近迁移时,不管是自我发现还是他人教授条件,两类学生的迁移效果并没有显著差异,但是在对策略进行远迁移时,学生不仅要

---

[①] 秦安兰.小学生相反数简算策略发生和发展的微观发生学研究.重庆:西南大学,2005;5-12.

[②] 沃建中,李峰,张宏.5~10岁儿童策略优越性及策略选择的个体差异的研究.心理科学,2004,27(1):26-30.

记住简算策略，更要理解策略的深层原理和使用条件。从实验结果中可以推测，自我发现策略条件下学生对策略的理解更加深刻，因此迁移率也更高。另外，虽然两类学生都可以从直接的简算这种高级策略中获益，但是普通生从自我发现策略的训练中获益更大，除了更多地发生了简算策略的迁移外，反应时相对他人教授策略条件也更短，这表明策略的提取更为迅速，运用更加高效。

本研究显示普通生也可从策略的发现学习中获益，甚至比学优生获益更大。这一点具有较强的现实意义，启示着教育工作者要敢于放手，给予普通生更多发现学习的机会，充分挖掘其学习潜能，不断提升其学习能力和学习效果。

## （五）结论

本研究初步得出以下结论：

（1）简算策略可以有效促进儿童的算术运算并且儿童在策略近迁移上的表现要好于远迁移。

（2）学优生在算术运算上的优势主要体现在反应时上，即运算速度更快。

（3）就近迁移而言，普通生从自我发现策略学习方式中获益更大。

（4）通过自我发现学会简算策略的小学生，在远迁移问题上的表现要显著好于通过他人教授学会简算策略的小学生。

# 结　　语

　　问题解决是个体调用已有的知识和技能,结合问题情境提供的新信息,在工作记忆中建构心理模型,从而选择并执行一定的策略,以达到目标的认知过程。但不同个体基于不同水平领域知识所建构的心理模型是极具差异性的。不同的心理模型预示着问题解决策略的不同选择,也影响着问题解决策略的迁移效果。简言之,个体的领域知识是借由工作记忆中心理模型的建构而对自身问题解决策略的选择与迁移产生影响的。据此,为了让学生实现有效的问题解决策略的选用与迁移,为了让学生成为有效的问题解决者,教育工作者需要在教育教学中作出一些必要的调整。具体而言,这些调整可以从以下几方面进行。

　　第一,重视领域知识教学,做到知识的融会贯通。学生在问题解决上出现困难,主要是由自身知识基础(knowledge base)的性质造成的。如果学生对基础知识掌握得不牢固,那么他将不能从问题情境信息中推论出进一步的信息,建构心理模型时会受到较大限制,进而难以形成多样化的心理模型并选择最优化的心理模型来表征问题、寻求问题解决。因此,要提高学生解决问题的能力,首先需要加强领域知识的教学,并做到知识之间的融会贯通。

　　一直以来,保持和迁移就被认为是学习结果测量的两种经典手段。保持是指记住所呈现的学习内容的能力,可以用回忆和再认项目来评估。而迁移是指在新情境中运用所学知识、技能和策略的能力,一般用问题解决项目来评估。个体若在保持和迁移上表现都很差,则没有发生学习。个体若在保持上表现很好但在迁移上表现很差,则产生了机械学习。个体若在保持和迁移上表现都很好,则产生了有意义学习。因此,教学的目标就是要促进学生的有意义学习(通过理解来学习)而不是机械学习(通过记忆来学习)。反映在知识教学上,则要尽可能地加强并实现知识之间的内在联系,以帮助学习者形成组织良好的结构化的知识。也就是说,仅仅死记硬背领域知识,借助于对知识的回忆和再认来解决问题是远远不够的，更重要的是培养学生把所学知识应用于解决新问题的能力，提高领域知识的可迁移性、可利用性。通过第四章的实证研究也发现，高低成绩组学生在实证研究Ⅱ中电路基础知识应用成绩与基本电路原理应用成绩相关性较高($r=0.666$，$p<0.01$）。这似乎表明，应用性知识更易于迁移，因为这些知识是被个体内化吸收且通过问题解决实践予以深化的。

总之，在知识教学中，很重要的一点就是要实现知识的有意义学习，做到知识的融会贯通。一方面，教师可通过设计先行组织者或联系学生的生活经验等方式来教授知识，以便于学生更深刻地理解知识、编码知识；另一方面，还要加强对知识应用能力的培养，通过让学生把所学知识应用到不同的问题情境中来深化学生对知识的理解，对知识形成弹性化的表征，以便于学生日后能把所学知识迁移到更为复杂的问题解决情境之中。

第二，开展心理模型教学，教授多样化的心理模型。如前所述，个体的问题解决受到其在特殊领域内建立的心理模型的影响。心理模型的运用可以有效地促进问题解决。有关推理任务的大量事例也说明，心理模型在领会和解决问题上发挥着重要作用。通过促进心理模型的运用，儿童或在抽象推理能力方面表现欠佳的成人，也能表现出较熟练的操作。因此，为了促进学生问题解决策略的迁移，还可考虑通过适当的教学干预，教给学生合适的心理模型。

为了教给学生合适的心理模型，首先需要鉴别学生在教学情境中所具有的心理模型的类型。学生在教学前具有的心理模型常常反映了他们所持有的前概念（pre-concept）或迷思概念（misconcept）。比如，对物理学的研究已证明许多人甚至没有接受过训练，就对物理现象具有一些朴素的想法（McCloskey，1983；McCloskey，Caramazza，Green，1980）。这些想法会导致不正确的或无效的问题解决与学习。而发现个体用于理解某一情境的心理模型，有助于实现概念转变，使其适宜于熟练操作的要求。其次，需要明确地向学生讲授促进问题解决的多样化的心理模型。在鉴别出学生在某一情境中的心理模型后，还可教给学生更多的有助于问题解决的心理模型，让学生在比较中体会不同模型的差异和效果，从而提高其选择利于问题解决的心理模型的能力。以往研究发现，心理模型的教授是可行的，能在一定程度上改进学生问题解决的作业表现。

第三，实施问题解决策略教学，促进问题解决策略的迁移。目前，策略是否具有可迁移性或可推广性，还是一个颇具争议的问题，也是问题解决策略研究的一大难题。

在20世纪80年代中期，Polson等（1985）曾指出了当时在策略研究领域并存着的三种典型的思维模式：模式一认为，问题解决的一般性策略可以直接教授，而且可以表现出向其他情境的推广；模式二坚持，一般的问题解决策略可以教授,但不是直接传授,相反,一般的问题解决策略很可能是基于对一些具体的任务策略的概括而间接发展起来的;模式三认为,一般的问题解决策略的直接教学只能有效地建立一些"弱方法",即尽管这些策略具有广泛性和可推广性,但它们对问题解决的帮助甚微。也就是说,在模式三看来,虽然一般的问题解决策略可以教授,但这些策略对于解决问题并不完全管用。事实上,模式二和模式三虽然在一般策略能不能直接教上存在差异,但仍可作整合性理解。一般策略的直接教学的确可能导致弱方法,而强方法一般是基于具体学科的具体任务而获得的。结合 Gagne 和 Glaser(1987)提倡的"知识结构与调控技能相互作用"的观点,可以推断出,Gagne 等在策略教学对策上的观点与模式二更吻合,即依托特殊领域中的知识结构来发展特殊的解决问题的决策行为,在这一基础上逐渐概括出一些一般的策略行为。

我们认为,问题解决策略是可教的,也是可迁移的(正如实证研究Ⅳ所表明的那样)。即便我们还不能充分证明究竟哪些问题解决策略可以发生迁移及能在多大程度上实现迁移,但这都不能让我们放弃通过教学促进问题解决策略迁移的想法。问题解决策略迁移越是困难,我们越是应该去把它探讨清楚。实际上,有学者已通过研究证明了相关领域的策略知识可以实现迁移(Larkin,1989)。Pressley 和 Harris(2006)也指出,任一领域内的成功学业表现都需要特殊策略,以便应对从幼儿园到中学所遇到的不同类型的任务和挑战。这些发现和主张增强了我们探寻策略迁移机制的勇气和胆量。

在策略教学上,我们也较为赞同 Gagne 等的观点。显然,问题解决策略教学并不是孤立进行的,应该与具体的学科内容(subject matter)结合起来,渗透到各学科教学之中。此外,策略教学还应包括对已教策略的元认知知识和自我调节式的使用,以便于培养个体通过自我监控优化策略选择与运用的能力。这样的策略教学,才能更有利于促进问题解决策略选择与迁移的实现。

第四,关注生活情境中的问题解决,从常规专长走向适应性专长。作为教育的消费者,人们常常抱怨学生不能将学校中所学的知识和技能迁移到日常工作和生活之中,人们对问题解决专长的培养和迁移有着强烈的现实诉求。而帮助学习者对新情境保持适当弹性(灵活性)和适应性,对教育工作者而言既是重要职责,又是严峻挑战。这主要缘于,学业情境中的问题解决的确不同于日常生活情境中的问题解决。对于"如何用 2/3 杯软干酪的 3/4 做一道菜?"这个问题(见第二章),同样是要取出做菜所需的奶酪的量,学业情境中的解决方案可能和日常生活情境中的解决方案有所不同。如果问的是学校里的学生,他们马上会告诉你,用 2/3 乘以 3/4,得到 1/2,也就是做这道菜需要 1/2 杯奶酪。如果问的是一位厨师,他也许会先用杯子量出 2/3 杯奶酪,然后把这 2/3 奶酪倒在砧板上，并把它轻轻拍成圆形，再把这个圆形的奶酪饼一分为四，最后留出一份不用，用其中三份来做菜。也就是说，学业情境中的数学公式和原理并不必然迁移至生活领域，而生活领域中的解决方案也并不必然依赖于数学公式和原理。进一步而言，日常生活领域中的专家（如厨师、裁缝等）和学术领域的专家一样，都有自己专长的领域。

当然，不同的专家其专长水平不同。对此，有研究者（Hatano, Inagaki, 1986）区分了常规专长（routine expertise）和适应性专长（adaptive expertise）。他们曾经研究了日本两位寿司专家，一位是以固定食谱做寿司见长，而另一位则能创造性地加工寿司；一个相对按部就班，而另一个富有灵活性，更能适应并满足他人提出的个性化需求。他们把前者称为"常规专家"，把后者称为"适应性专家"，如果说前者是"工匠"，那么后者就是"艺术家"。显然，这种差异在大多数工种中都是存在的。

一般而言，常规专家的高效和出众体现在执行任务的速度、准确性和自动化上，但对新的问题缺乏灵活性和适应性。那么，适应性专家的优势又是从何而来呢？对此，至少可从两方面加以理解：其一，适应性专家不仅能够执行某一程序性技能，他还拥有对这一程序性技能的概念性理解（即对技能执行条件的自我解释、反思等）。而且，这种对程序性技能的掌握以及对它的概念性理解贯穿于技能获得的全过程，而不是仅在专家水平上才会出现。其二，适应性专长是一种在执行任务时还保持学习的倾向或素质。换句话说，在练习或执行技能时，适应性专家还寻求从经验中学习，向他人寻求帮助，实验新的想法，就像他们不满足于已经知道的东西和已经会做的事情一样。适应性专家的这一界定与顶级专家类似，顶级专家会在刻意训练中有意寻求挑战。因此，与其说这些人是适应性专家，毋宁说他们是有效的学习者，也许只有有效的学习者才有望成为适应性专家。

生活的境遇是无穷、多变的，没有任何两个问题的情境是完全相同的。对于个体而言，如果不仅能胜任自己熟悉的专业领域的常规问题，还能将知识与技能迁移至新任务与新领域，发展适应性专长，那么他的潜能就能得以真正发挥，价值就能得以真正实现。

# 附　　录

## 附录1　减法估算测试题及指导语

### 一、练习题目

**1. 纯数字题**

(1)629-194；

(2)253-28。

**2. 应用题**

(1)自由作家小李应某杂志社要求写了一篇894字的社评,但由于页面排版问题不得不删去其中的36字,请问小李的社评还剩下多少字?

(2)小曾最近读了一本有关历史的新书,这本书总共753页,他预计在一个月之内读完这本书,目前他已经读了96页,请问他还需读多少页才能把这本书看完?

### 二、正式实验题目

**1. 纯数字题**

(1)384-47(简单,借一位)；

(2)743-24(简单,借一位)；

(3)937-62(简单,借一位)；

(4)816－32(简单,借一位);

(5)591－65(简单,借一位);

(6)895－427(简单,借一位);

(7)748－583(简单,借一位);

(8)981－469(简单,借一位);

(9)491－217(简单,借一位);

(10)928－572(简单,借一位);

(11)312－25(复杂,借两位);

(12)347－98(复杂,借两位);

(13)452－78(复杂,借两位);

(14)216－59(复杂,借两位);

(15)542－83(复杂,借两位);

(16)623－278(复杂,借两位);

(17)432－179(复杂,借两位);

(18)524－286(复杂,借两位);

(19)825－368(复杂,借两位);

(20)746－198(复杂,借两位)。

## 2.应用题

(1)今年某鱼塘总共养殖了黄花鱼726条、鲫鱼649条,第一季度卖掉了154条黄花鱼和73条鲫鱼,请问鱼塘中还剩下多少条鲫鱼?(简单,借一位)

(2)小王酷爱收集邮票,他想要集齐自2008年以来我国发行的693张邮票,目前他已收集到其中的57张,请问他还需收集多少张才能集齐全部邮票?(简单,借一位)

(3)某建材企业购进3种原材料,其中有两种材料已提前支付货款413元,若这三种材料总共需要支付货款851元,请问该企业还需为第三种材料支付多少钱?(简单,借一位)

(4)周杰伦演唱会已于1月27号在洪山体育馆举行,主办方预计VIP席共有539个座位,但当天实际到的VIP人数为482人,请问剩余多少个VIP空位?(简单,借一位)

(5)武汉育才中学初一(四)班的40名同学参加了希望工程捐款活动,班级总共捐款852元,其中,27位同学共捐出了381元,请问余下的13位同学共捐出多少钱?(简单,借一位)

（6）小明为后天的家庭聚会做准备，去超市买了 4 瓶啤酒、2 瓶果粒橙、4 袋饼干，随身携带了 237 元，购物总共花费 59 元，请问小明身上还剩多少钱？（复杂，借两位）

（7）某高中高三年级共有学生 362 人，分别被安排在武汉二中和六中参加联考，其中被分配在武汉二中参加考试的同学人数为 84 人，请问被分配在武汉六中考试的有多少人？（复杂，借两位）

（8）3 月份某班组织集体活动，预计行程为烧烤与唱歌，事后发现总共花费 412 元，其中，唱歌花费了 267 元，请问烧烤花费了多少钱？（复杂，借两位）

（9）小张目前在做一项问卷调查，已发出问卷 600 份，实际需要的有效问卷数为 325 份，目前回收有效问卷 189 份，请问小张还需回收多少份有效问卷才能达到要求？（复杂，借两位）

（10）小婷为好友小丽举办生日会，预计花费 659 元，因天气原因生日会由室外转移到室内，导致预算增加，最终花费 923 元，请问该生日会多花费了多少钱？（复杂，借两位）

### 三、实验指导语

#### 1. 开始实验前的指导语

欢迎你来参加我们的实验！

实验首先在电脑屏幕上出现一个红色"＋"号注视点，提醒你开始实验，并集中注视电脑屏幕中央。接着呈现一些计算题，包括纯数字题与应用题，请你估计题目的计算结果。请注意，是尽快地估计数值，而非精确计算。

若你已看清题目，请立即按空格键进入作答界面。纯数字题最长呈现时间为 2 秒，超过 2 秒则自动进入作答界面；应用题最长呈现时间为 10 秒，超过 10 秒则自动进入作答界面。

进入作答界面后请尽快输入估计结果，输入答案完毕后请立即按空格键进入下一题，最长作答时间为 8 秒，超过 8 秒则自动进入下一题。

准备好后，请你按"Q"键开始练习，然后进入实验。

#### 2. 估算练习结束后的指导语

如果你还不了解本实验程序，想回去继续练习，请按"Q"键；如果你已经了解本实验程序，可以进行正式实验了，请按"P"键。请你选择。

【Q】—继续练习　　　　【P】—正式实验

# 附录2 电路基础知识测试题

姓名 ＿＿＿＿＿＿＿＿＿＿　　　　　性别 ＿＿＿＿＿＿＿＿＿＿

"电路"课程考试成绩：上学期 ＿＿＿＿＿＿＿＿＿　　下学期 ＿＿＿＿＿＿＿＿＿

亲爱的同学，你好！欢迎参加我们的研究！这份材料旨在了解大家对电路基础知识的掌握情况，调查结果仅用于科学研究，不做其他用途。同时对你的个人资料将完全保密，希望你轻松应对，认真作答。谢谢！

1.电流的参考方向（　　　）。

(a)规定为正电荷的运动方向　　　　　(b)假定为正电荷的运动方向

(c)规定为负电荷的运动方向　　　　　(d)假定为负电荷的运动方向

2.下图所示电路中，$U$、$I$ 之间的关系式应为（　　　）。

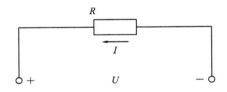

(a)$U=RI$　　　　　　　　　　　　(b)$U=-RI$

(c)$U=RI^2$　　　　　　　　　　　(d)不能确定

3.判断一段电路是吸收还是放出功率与所设的电压、电流参考方向（　　　），若某负载在电压、电流关联参考方向下计算所得功率为－10W，则该负载（　　　）。

(a)有关；放出功率为 10W　　　　　(b)有关；吸收功率为 10W

(c)无关；放出功率为 10W　　　　　(d)无关；吸收功率为 10W

4.电感元件 $L_1$ 与 $L_2$ 并联，其等效电感 $L=$（　　　）；电容 $C_1$ 与 $C_2$ 串联，其等效电容 $C=$（　　　）。

(a)$L_1+L_2$；$C_1+C_2$　　　　　　(b)$L_1+L_2$；$\dfrac{C_1 C_2}{C_1+C_2}$

(c)$\dfrac{L_1 L_2}{L_1+L_2}$；$C_1+C_2$　　　　　(d)$\dfrac{L_1 L_2}{L_1+L_2}$；$\dfrac{C_1 C_2}{C_1+C_2}$

5.理想电流源的外接电阻越小，它的端电压（　　　）。

(a)越高　　　　　　　　　　　　　(b)越低

(c)不变　　　　　　　　　　　　　(d)不能确定

6. 下图所示电路中,已知 $U_1 = U_2 = U_3 = 4V$,则 $U_4 = ($ 　　$)$。

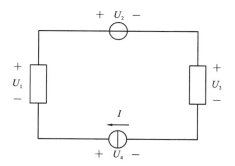

(a)4V                                    (b)12V

(c)8V                                    (d)—12V

7. 电路中,当电流控制电压源的控制量为零时,被控制量所在处相当于( 　　);当电压控制电流源的控制量为零时,被控制量所在处相当于( 　　)。

(a)开路;开路                            (b)短路;开路

(c)开路;短路                            (d)短路;短路

8. 电阻并联时,电阻值越大的电阻( 　　)。

(a)消耗功率越小                          (b)消耗功率越大

(c)流过的电流越大                        (d)两端的电压越高

9. 电路如下图所示,$ab$ 端的等效电阻 $R_{ab} = ($ 　　$)$。

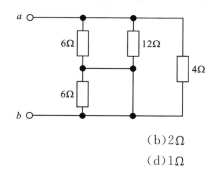

(a)2.4Ω                                  (b)2Ω

(c)1.2Ω                                  (d)1Ω

10. 任意电路元件(包含理想电压源 $u_S$)与理想电流源 $i_S$ 串联后,其等效电路为( 　　);任意电路元件(包含理想电流源 $i_S$)与理想电压源 $u_S$ 并联后,其等效电路为( 　　)。

(a)理想电压源;理想电流源                (b)理想电流源;理想电流源

(c)理想电流源;理想电压源                (d)理想电压源;理想电压源

11. 对于一个平面电路的图,网孔数与独立回路数的关系是( 　　)。

(a)网孔数大于独立回路数                  (b)网孔数小于独立回路数

(c)不确定　　　　　　　　　　　　(d)网孔数等于独立回路数

12.某电路具有 $n$ 个节点、$b$ 条支路,不含电流源。若用支路电流法求解各支路电流时需列出(　　)。

(a)$n-1$ 个 KCL 方程,$b-1$ 个 KVL 方程

(b)$n-1$ 个 KCL 方程,$b-n+1$ 个 KVL 方程

(c)$b-1$ 个 KCL 方程,$n-1$ 个 KVL 方程

(d)$b-1$ 个 KCL 方程,$b-n-1$ 个 KVL 方程

13.求解有源二端线性网络的戴维南等效电路电阻时,此网络的电压源、电流源处理方法为(　　)。

(a)电压源开路,电流源短路

(b)电压源、电流源都要开路

(c)电压源短路,电流源开路

(d)电压源、电流源都要短路

14.下图所示电路中,正确的回路电压方程是(　　)。

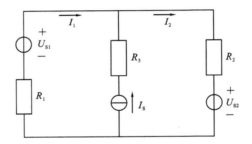

(a)$U_{S1}-R_1 I_1+R_3 I_S=0$　　　　　　(b)$U_{S2}+R_3 I_S+R_2 I_2=0$

(c)$U_{S1}-R_1 I_1-U_{S2}-R_2 I_2=0$　　(d)$U_{S1}-R_1 I_1-U_{S2}+R_2 I_2=0$

15.下图所示电路中,电流 $I=4.5A$,如果电流源断开,则电流 $I=$(　　)。

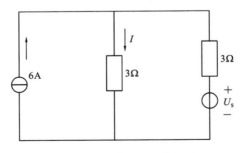

(a)2A　　　　　　　　　　　　　　(b)3A

(c)1A　　　　　　　　　　　　　　(d)1.5A

16.叠加定理主要用于(　　)。

(a)计算线性电路中的电压和电流

(b)计算线性电路中的电压、电流和功率

(c)计算非线性电路中的电压和电流

(d)计算非线性电路中的电压、电流和功率

17.电路的图如下图所示,它的树支数和独立回路数为(　　)。

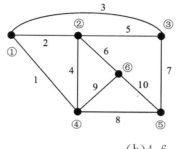

(a)5,5　　　　　　　　　　　　　(b)4,6

(c)6,5　　　　　　　　　　　　　(d)4,5

18.将下图所示电路化简为一个电流源 $I_s$ 和一个电阻 $R$ 并联的最简等效电路,其中 $I_s$ 和 $R$ 分别为(　　)。

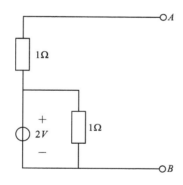

(a)$I_s=1A,R=2\Omega$　　　　　　　　(b)$I_s=1A,R=1\Omega$

(c)$I_s=2A,R=1\Omega$　　　　　　　　(d)$I_s=2A,R=2\Omega$

19.正弦量经过积分后相位会发生变化,对应的相量的辐角较之原来(　　)。

(a)超前 $\dfrac{\pi}{2}$　　　　　　　　　　　(b)滞后 $\dfrac{\pi}{2}$

(c)超前 $\dfrac{\pi}{4}$　　　　　　　　　　　(d)滞后 $\dfrac{\pi}{4}$

20.电容上的电压相量和电流相量满足（    ）。

(a)$\dot{U}_C = j\dfrac{1}{\omega C}\dot{I}_C$            (b)$\dot{U}_C = -j\dfrac{1}{\omega C}\dot{I}_C$

(c)$\dot{U}_C = \dfrac{1}{\omega C}\dot{I}_C$            (d)$\dot{U}_C = -\dfrac{1}{\omega C}\dot{I}_C$

21.已知正弦电流的相量为 $\dot{I} = 2e^{-j\frac{\pi}{2}}$A,其频率为 50Hz,则该电流的时域形式为（    ）。

(a)$2\sin314t$A            (b)$-2\sin314t$A

(c)$2\sqrt{2}\sin314t$A            (d)$2\sqrt{2}\cot314t$A

22.正弦电压 $u = 10\sqrt{2}\sin(\omega t + 60°)$V,其正确的相量表示式为（    ）。

(a)$\dot{U} = =10\sqrt{2}e^{j60°}$V            (b)$\dot{U} = 10e^{j60°}$V

(c)$\dot{U} = 10e^{j(\omega t + 60°)}$V            (d)$\dot{U} = 10e^{j\omega t}$V

23.某一元件的电压、电流（关联方向）分别为 $u = -\sin t$V, $i = -\cos t$A,它可能为（    ）。

(a)电阻            (b)电感

(c)电容            (d)直流电压源

24.下面四个图形哪个图形可能是符合基尔霍夫定律的相量图（    ）。

(a) 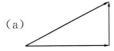        (b)

(c) 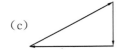        (d)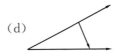

25.串联、并联情况下,参考相量分别宜选择（    ）。

(a)电压相量、电流相量        (b)电流相量、电压相量

(c)电压相量、电压相量        (d)电流相量、电流相量

26.下图所示的电压相序为（    ）。

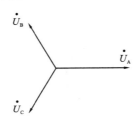

(a)正序　　　　　　　　　　　　　(b)逆序

(c)前序　　　　　　　　　　　　　(d)后序

27.三相四线制常用于(　　　)。

(a)Y-△接法　　　　　　　　　　(b)Y-Y接法

(c)△-△接法　　　　　　　　　　(d)△-Y接法

28.已知某三相负载的额定相电压为220V,现场的电源线电压为380V,此三相负载应接成(　　　)。

(a)Y形　　　　　　　　　　　　　(b)△形

(c)$Y_0$形　　　　　　　　　　　(d)Y形或△形均可

29.对称三相电路的有功功率 $P=\sqrt{3}U_L I_L\cos\phi$,其中 $\phi$ 角为(　　　)。

(a)线电压与线电流的相位差　　　(b)相电压与相电流的相位差

(c)线电压与相电压的相位差　　　(d)相电压与线电流的相位差

30.对称三相电路星形接法 $\dot{U}_{BC}$ 与 $\dot{U}_A$ 的相位差为(　　　)。

(a)$\dfrac{\pi}{2}$　　　　　　　　　　　　(b)$-\dfrac{\pi}{2}$

(c)$\pi$　　　　　　　　　　　　　(d)$-\pi$

31.对称三相电路三角形负载的线电流 $\dot{I}_A$ 与 $\dot{I}_{AB}$ 相电流的相位差为(　　　)。

(a)$\dfrac{\pi}{2}$　　　　　　　　　　　　(b)$-\dfrac{\pi}{2}$

(c)$\dfrac{\pi}{6}$　　　　　　　　　　　　(d)$-\dfrac{\pi}{6}$

32.将对称三角形负载变换为星形负载后,每一相负载变为原来的(　　　)。

(a)$\dfrac{1}{3}$倍　　　　　　　　　　　(b)$\dfrac{1}{6}$倍

(c)3倍　　　　　　　　　　　　　(d)6倍

33.三相异步电动机的旋转方向取决于(　　　)。

(a)电源电压的大小　　　　　　　(b)电源频率的高低

(c)定子电流的相序　　　　　　　(d)磁极对数的多少

34.三相异步电动机的同步转速取决于(　　　)。

(a)电源频率　　　　　　　　　　(b)磁极对数

(c)电源电压　　　　　　　　　　(d)电源频率和磁极对数

35.降低三相异步电动机供电电源的频率,则其转速(　　　)。

(a)降低　　　　　　　　　　　　(b)不变

(c)升高　　　　　　　　　　　　(d)无法确定

# 附录3  基本电路原理应用测试题

姓名_____      性别_____

"电路"课程考试成绩:上学期_____      下学期_____

亲爱的同学,你好! 欢迎参加我们的研究! 这份材料旨在了解大家对电路基础知识的应用情况,调查结果仅用于科学研究,不做其他用途。 同时对你的个人资料将完全保密,希望你轻松应对,认真作答。 谢谢!

请用你所能想到的多种方法求解下图所示的电压 $u$。

（要求:一题多解,尽量详细地写出解题步骤,包括图解和你头脑中的任何想法）

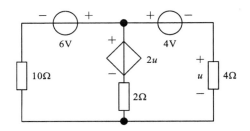

| 解题步骤 | 草稿 |
|---|---|
|  |  |

## 附录4　电工学实验室与实验器材

图1　电工学实验室场景之一

图2　电工学实验室场景之二

图3　电工学实验室场景之三

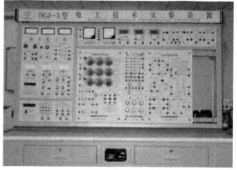

图4　DGJ-3型电工技术实验装置

图5　DGJ-3型电工技术实验装置三相交流电源面板

**159**

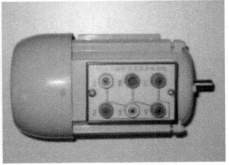

图 6　DJ24 型三相鼠笼式异步电动机实物图之一

图 7　DJ24 型三相鼠笼式异步电动机实物图之二

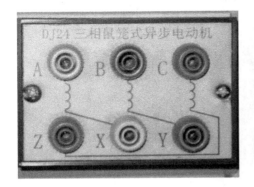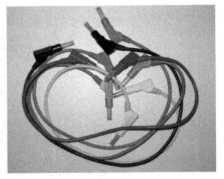

图 8　DJ24 型三相鼠笼式异步　　　图 9　电工技术实验装置连接线
电动机定子绕组接线盒

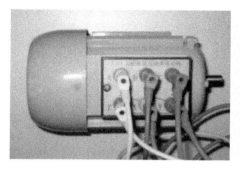 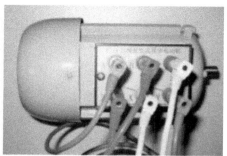

图 10　三相异步电动机三角形接法 1 和接法 2

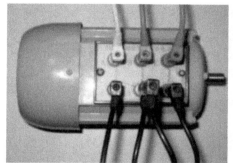 

图 11　三相异步电动机星形接法 1 和接法 2

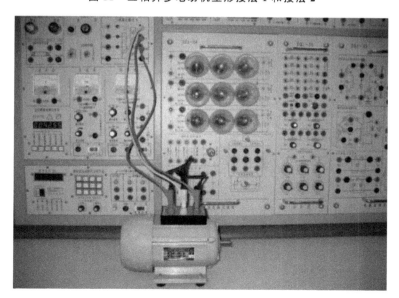

图 12　实现电动机正常运转的实物接线图

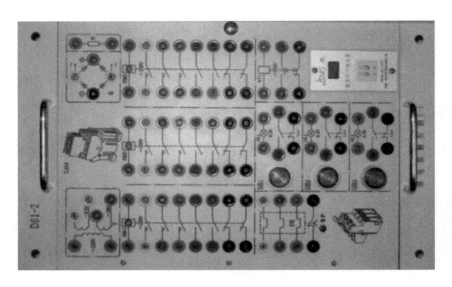

图 13　D61-2 继电接触控制器(继电器)

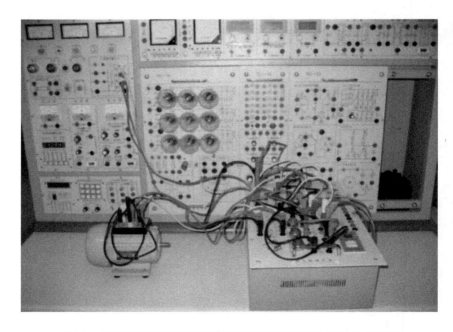

图 14　利用继电器实现的电动机正反转互锁控制电路实物接线图

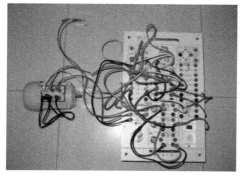 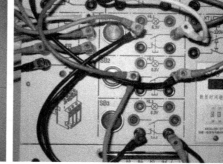

图 15　电动机与继电器之间实物接线图　　图 16　继电器面板上的实物接线图

# 附录 5　出声思维训练材料

这是一张电动机的铭牌，请将你看到它之后的所有想法大声地说出来。

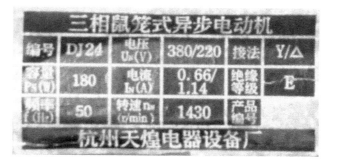

# 附录 6　相反数简算测试题及指导语

姓名：_____　　　　性别：_____　　　　年龄：_____

## 一、算术运算能力预测验试题

| 1)1+5= | 2)9-3= | 3)4+5= | 4)6-3= | 5)8+2= |
|--------|--------|--------|--------|--------|
| 6)10-2= | 7)6+3= | 8)8-2= | 9)6+4= | 10)2+6= |
| 11)9-7= | 12)3+4= | 13)8-5= | 14)7+3= | 15)5-2= |
| 16)6+4= | 17)4-1= | 18)6+1= | 19)7-4= | 20)6-4= |

续表

| | | | | |
|---|---|---|---|---|
| 21)2+6= | 22)9-7= | 23)3+4= | 24)8-5= | 25)7+3= |
| 26)7-5= | 27)4+4= | 28)8-3= | 29)3+5= | 30)10-6= |
| 31)5+4= | 32)8-2= | 33)7+2= | 34)15-12= | 35)7+12= |
| 36)13+6= | 37)14-7= | 38)11+6= | 39)8+9= | 40)15-9= |
| 41)12-8= | 42)6+7= | 43)13-4= | 44)18-8= | 45)16-3= |
| 46)5+8= | 47)7+4= | 48)12-5= | 49)18-11= | 50)17-3= |

## 二、算术简算策略前测试题

| | | | | |
|---|---|---|---|---|
| 1)6+8-8= | 2)5+4-4= | 3)7+3-3= | 4)10+7-7= | 5)12+5-5= |
| 6)15+3-3= | 7)6+3-2= | 8)8+4-3= | 9)7+5-3= | 10)1+7-6= |
| 11)2+6-5= | 12)4+5-2= | | | |

## 三、算术简算策略学习材料

| | | | | |
|---|---|---|---|---|
| 1)4+5-5= | 2)2+6-6= | 3)5+5-5= | 4)4+3-3= | 5)7+4-4= |
| 6)8+3-3= | 7)6+7-7= | 8)1+8-8= | 9)2+9-9= | 10)4+7-7= |
| 11)13+4-4= | 12)16+6-6= | 13)13+3-3= | 14)15+2-2= | 15)11+5-5= |
| 16)5+15-15= | 17)7+11-11= | 18)3+9-9= | 19)7+10-10= | 20)2+12-12= |

## 四、算术简算策略后测试题

| 标准题目 | 近迁移题目 | 远迁移题目 | 不可迁移题目 |
|---|---|---|---|
| 1)2+7-3= | 11)6+8-8= | 21)9-4+4= | 31)9-4-4= |
| 2)7+1-5= | 12)9+5-5= | 22)7-3+3= | 32)8-3-3= |
| 3)6+3-2= | 13)7+6-6= | 23)35-7+7= | 33)12-4-4= |
| 4)4+6-3= | 14)6+5-5= | 24)29-9+9= | 34)13-5-5= |
| 5)5+4-3= | 15)8+25-25= | 25)48-5+5= | 35)4+2+2= |
| 6)2+8-5= | 16)6+39-39= | 26)5+4-5= | 36)9+3+3= |
| 7)4+5-2= | 17)36+8-8= | 27)6+7-6= | 37)7+5+5= |

续表

| 标准题目 | 近迁移题目 | 远迁移题目 | 不可迁移题目 |
|---|---|---|---|
| 8)7＋3－2＝ | 18)39＋7－7＝ | 28)8＋2－8＝ | 38)10－3＋10＝ |
| 9)3＋6－4＝ | 19)29＋36－36＝ | 29)13＋5－13＝ | 39)5－3＋5＝ |
| 10)8＋3－2＝ | 20)45＋25－25＝ | 30)11＋7－11＝ | 40)6－4＋6＝ |

### 五、实验指导语

#### 1.算术运算能力预测验指导语

小朋友们,大家好!今天我们来完成一个小测验,请你在答题纸上写下自己的姓名、性别和年龄。测验共有 50 题,在接下来的 5 分钟里希望你能尽力又快又好地完成,如果做不完也没关系,可能大多数小朋友也做不完。

#### 2.算术简算策略前测指导语

小朋友们,大家好!今天我们再来完成一些小测验。接下来,在电脑屏幕上每次会出现一道题目,一共 12 道题目,请你在算出答案后马上告诉我,我会帮你把答案输入电脑。我会问你是怎么算出答案的,也请你告诉我。

#### 3.算术简算策略学习指导语

自我发现组:接下来我们继续看一些题目,和刚才一样,你计算出答案后马上告诉我,并说说你是如何计算的。你可以边做题边留心注意,这些题目有什么共同的规律。当你找到一个简便方法后,请告诉我你所发现的方法是什么。接下来我们来做这些题目。(在学生发现策略后,和他一起讨论策略,确保他理解并且能够使用。若学生能连续 3 次快速使用策略并作答正确,则认为他已经学会了相反数简算策略。)

他人教授组:接下来我们要学习一个简便运算的方法,就是如果一个数,加上另一个数,再减去刚刚加上的同一个数,就等于原来的那个数。比如,4＋5－5＝4。(在多道例题讲解后,让学生自己练习后面的题目,并用自己的语言把策略表达一遍,确保他理解并能够使用。若学生能连续 3 次快速使用策略并作答正确,则认为他已经学会了相反数简算策略。)

#### 4.算术简算策略后测指导语

小朋友们,大家好!今天,我们进行最后一个测验,和之前一样,当你计算出一道题的答案时,请立即告诉我你的答案,并说说你的计算方法。然后我们接着做下一题。

# 参 考 文 献

[1]　Robertson S I. 问题解决心理学[M]. 张奇等,译. 北京:中国轻工业出版社,2004:15-16.

[2]　辛自强. 问题解决与知识建构[M]. 北京:教育科学出版社,2005:1-64.

[3]　吴庆麟. 认知教学心理学[M]. 上海:上海科学技术出版社,2000:121-142.

[4]　胡谊. 专长心理学——解开人才及其成才的密码[M]. 上海:华东师范大学出版社,2006:62-65.

[5]　朱新明,李亦菲. 架设人与计算机的桥梁:西蒙的认知与管理心理学[M]. 武汉:湖北教育出版社,2000:55-62.

[6]　司继伟. 小学儿童估算能力研究[D]. 重庆:西南师范大学,2002:6-15.

[7]　杜伟宇. 复杂陈述性知识的学习[D]. 上海:华东师范大学,2005:24-28.

[8]　李颖慧. 工作记忆中央执行成分对大学生估算的影响[D]. 济南:山东师范大学,2008:10-19.

[9]　秦安兰. 小学生相反数简算策略发生和发展的微观发生学研究[D]. 重庆:西南大学,2005:5-12.

[10]　辛自强,林崇德. 微观发生法:聚焦认知变化[J]. 心理科学进展,2002,10(2):206-212.

[11]　辛自强. 问题解决研究的一个世纪:回顾与前瞻[J]. 首都师范大学学报:社会科学版,2004(6):101-107.

[12]　张梅,辛自强,林崇德.两人问题解决中惯例的测量及其微观发生过程[J].心理学报,2013,45(10):1119-1130.

[13]　张梅,辛自强,林崇德.三人问题解决中的惯例:测量及合作水平的影响[J].心理学报,2015,47(6):814-825.

[14]　周玉霞,李芳乐.问题解决的研究范式及影响因素模型[J].电化教育研究,2011(5):18-25.

[15]　袁维新,吴庆麟.问题解决:涵义、过程与教学模式[J].心理科学,2010,33(1):151-154.

[16]　袁维新.国外关于问题解决的研究及其教学意义[J].心理科学,2011,34(3):636-641.

[17]　张紫屏.论问题解决的教学论意义[J].课程·教材·教法,2017,37(9):52-59.

[18]　方均斌."数学问题解决"研究的中国特色[J].课程·教材·教法,2015,35(3):58-62.

[19]　张钢,薄秋实.问题解决中的启发式:一个整合性的理论框架[J].自然辩证法通讯,2012(6):55-67.

[20]　付馨晨,李晓东.认知抑制——问题解决研究的新视角[J].心理科学,2017,40(1):58-63.

[21]　司继伟,艾继如.选择/无选法:探究人类认知策略表现的新范式[J].首都师范大学学报:社会科学版,2017(2):164-169.

[22]　司继伟,杨佳,贾国敬,等.中央执行负荷对成人估算策略运用的影响[J].心理学报,2012,44(11):1490-1500.

[23]　杨佳,李颖慧,司继伟,等.工作记忆中央执行成分对估算表现的影响[J].心理学探新,2011,31(4):314-317.

[24]　司继伟,徐艳丽,刘效贞.数学焦虑、问题形式对乘法估算的影响[J].心理科学,2011,34(2):407-413.

[25]　宋广文,何文广,孔伟.问题表征、工作记忆对小学生数学问题解决的影响[J].心理学报,2011,43(11):1283-1292.

[26]　孙海龙,刑强,李爱梅.工作记忆对知觉类别学习的影响:问题与构想[J].心理科学进展,2017,25(3):424-430.

[27]　朱晓斌,王静丽,李晓芳.视空间工作记忆和非言语流体智力在小学生数学问题解题中的作用[J].心理科学,2011,34(4):845-851.

[28] 张欣艺,韩仁生,纪建茂.简析工作记忆对问题解决的影响[J].心理研究,2015,8(5):27-31.

[29] 吕凯,谭顶良.顿悟问题解决不同阶段中工作记忆的作用[J].心理学探新,2015,35(3):217-221.

[30] 连四清,林崇德.工作记忆在数学运算过程中的作用[J].心理科学进展,2007,15(1):36-41.

[31] 丁晓,吕娜,杨雅琳等.工作记忆成分的年龄相关差异对算数策略运用的预测效应[J].心理学报,2017,49(6):759-770.

[32] 王明怡,陈英和.工作记忆中央执行对儿童算术认知策略的影响[J].心理发展与教育,2006,22(4):24-28.

[33] 刘红,王洪礼.工作记忆子成分在小学三年级儿童珠心算中的作用[J].心理科学,2009,32(6):1325-1327.

[34] 周仁来,赵鑫.从无所不能的"小矮人"到成长中的巨人——工作记忆中央执行系统研究述评[J].西北师范大学学报:社会科学版,2010,47(5):82-89.

[35] 白成杰,曹娟.E-learning 环境中学习者认知负荷的测量[J].电化教育研究,2011(5):32-35.

[36] 蔡艳玲.学习任务认知负荷与测量方法研究[J].郑州大学学报:哲学社会科学版,2009(1):128-130.

[37] 李金波,许百华.人机交互过程中认知负荷的综合测评方法[J].心理学报,2009,41(1):35-43.

[38] 汪航,鞠瑞利,吴庆麟.合作数学问题解决与心理模型建构关系研究[J].心理科学,2007,30(4):857-860.

[39] 郑朝阳.高中力学问题解决的心理模型研究[J].物理通报,2015(3):7-9.

[40] 李同吉,吴庆麟,胡谊.学科领域专长发展的阶段观评述[J].上海教育科研,2006(1):43-45.

[41] 邢强,王菁.领域知识促进创造性问题解决——专家与新手的比较[J].广州大学学报:社会科学版,2013,12(1):41-44.

[42] 魏雪峰,崔光佐.小学数学问题解决认知模型研究[J].电化教育研究,2012(11):79-85.

［43］　魏雪峰,崔光佐.小学数学问题解决认知分析、模拟及其教学启示——以"异分母相加"问题为例［J］.电化教育研究,2013(11):115-120.

［44］　魏雪峰,崔光佐,段元美.问题解决认知模拟及其教学启示——以小学数学"众数"教学为例［J］.中国电化教育,2012(11):135-139.

［45］　张博,黎坚,徐楚,等.11～14岁超常儿童与普通儿童问题解决能力的发展比较［J］.心理学报,2014,46(12):1823-1834.

［46］　陶晓丽,张旭东,陈银欢,等.具身化空间四卡问题解决的内容效应［J］.心理学探新,2017,37(3):208-214.

［47］　沈承春,张庆林.字谜问题解决中的策略调用［J］.西南师范大学学报:自然科学版,2011,36(1):215-219.

［48］　陈丽君,郑雪.问题发现过程认知阶段划分的探索性研究［J］.心理学探新,2011,31(4):332-337.

［49］　陈丽君,郑雪.大学生问题发现过程的眼动研究［J］.心理学报,2014,46(3):367-384.

［50］　陈丽君,郑雪.大学生问题发现过程的表征层次研究［J］.心理发展与教育,2009(3):46-53.

［51］　郝宁,吴庆麟.知识在创造性思维中作用述评［J］.心理科学,2010,33(5):1089-1094.

［52］　陈群林,罗俊龙,蒋军,等.无意识加工对创造性问题解决的促进效应［J］.心理发展与教育,2012(6):569-575.

［53］　罗劲.顿悟的大脑机制［J］.心理学报,2004,36(2):219-234.

［54］　罗劲,张秀玲.从困境到超越:顿悟的脑机制研究［J］.心理科学进展,2006,14(4):484-489.

［55］　吴真真,邱江,张庆林.顿悟脑机制的实验范式探索［J］.心理科学,2009(1):122-125.

［56］　邢强,车敬上,唐志文.顿悟问题解决研究的认知神经范式评述［J］.宁波大学学报:教育科学版,2011,33(1):50-54.

［57］　沈汪兵,刘昌,袁媛,等.顿悟类问题解决中思维僵局的动态时间特性［J］.中国科学:生命科学,2013,43(3):254-262.

［58］　吕凯.顿悟问题解决中抑制功能的作用［J］.心理与行为研究,2016,14(2):2019-227.

[59] 徐速.数学问题解决中视觉空间表征研究的综述[J].数学教育学报,2006,15(1):35-38.

[60] 马艳云.不同读题方式对数学问题解决影响的研究[J].中国特殊教育,2016(5):91-96.

[61] 杨翠蓉,蒋曦,韦洪涛.样例类型与解释方式对初中生数学概率问题解决的效果[J].心理科学,2017,40(5):1117-1122.

[62] 李清,王菡.元认知策略、解题策略对不同层次学生数学问题解决影响的实证研究[J].教育理论与实践,2017,37(35):41-43.

[63] 姚梅林.从认知到情境:学习范式的变革[J].教育研究,2003(2):60-64.

[64] 张裕鼎,季雨竹,谭玉鑫.中央执行抑制能力、问题情境与难度对减法估算的影响[J].教育研究与实验,2017(2):86-90.

[65] 张裕鼎.有关口语报告法效度的几个争议问题[J].宁波大学学报:教育科学版,2007,29(6):25-28.

[66] Aleven V,Aleven V,Dey A K. Understanding expert-novice differences in geometry problem-solving tasks: A sensor-based approach[C]//Extended Abstracts of the ACM Conference on Human Factors in Computing Systems. 2014:1867-1872.

[67] Alexander P A. The development of expertise: The journey from acclimation to proficiency[J]. Educational Researcher,2003,32(8):10-14.

[68] Anderson R C,Reynolds R E,Schallert D L,et al. Frameworks for comprehending discourse[J]. American Educational Research Journal,1997,14(4):367-381.

[69] Andersson U. The contribution of working memory to children's mathematical word problem solving[J]. Applied Cognitive Psychology,2007,21(9):1201-1216.

[70] Baddeley A D. Working memory: Looking back and looking forward[J]. Nature Reviews Neuroscience,2003,4(10):829-839.

[71] Barnett S M,Ceci S J. When and where do we apply what we learn? A taxonomy for far transfer[J]. Psychological Bulletin,2002,128(4):612-637.

[72] Blanchette I,Dunbar K. How analogies are generated: The roles of structural and superficial similarity[J]. Memory and Cognition,2000,28(1):

108-124.

[73]　Bouquet P,Warglien M. Mental models and local models seman-tics:The problem of information integration[C]//Proceedings of the European conference on cognitive science. Siena:University of Siena,1999:169-178.

[74]　Bransford J D,Brown A L,Cocking R R. How people learn:Brain, mind, experience, and school [M]. Washington D C: National Academy Press,1999.

[75]　Bruning R H,Schraw G J,Norby M M,et al. Cognitive psychology and instruction [M]. 4th ed. Upper Saddle River, NJ: Merrill Prentice Hall,2004.

[76]　Buchy L,Lepage M. Modeling the neuroanatomical and neurocogni-tive mechanisms of cognitive insight in non-clinical subjects[J]. Cognitive Therapy & Research,2015,39(4):1-9.

[77]　Byrne R M J,Johnson-Laird P N. Spatial reasoning[J]. Journal of Memory and Language,1989,28(5):564-575.

[78]　Cadež T H,Kolar V M. Comparison of types of generalizations and problem-solving schemas used to solve a mathematical problem[J]. Education-al Studies in Mathematics,2015,89(2):283-306.

[79]　Cao Z,Li Y,Hitchman G,et al. Neural correlates underlying in-sight problem solving:Evidence from eeg alpha oscillations[J]. Experimental Brain Research,2015,233(9):2497-2506.

[80]　Carden J,Cline T. Problem solving in mathematics:The signifi-cance of visualisation and related working memory[J]. Educational Psychology in Practice,2015,31(3):1-12.

[81]　Carraher T N,Carraher D W,Schliemann A D. Mathematics in the street and in school[J]. British Journal of Developmental Psychology,1985,3 (1):21-29.

[82]　Catrambone R. Generalizing solution procedures learned from ex-ample[J]. Journal of Experimental Psychology:Learning,Memory,and Cogni-tion,1996,22(22):1020-1031.

[83]　Catrambone R. The subgoal learning model:Creating better exam-ples so that students can solve novel problems[J]. Journal of Experimental

Psychology:General,1998,127(4):355-376.

[84]　Chase W G,Simon H A. Perception in chess[J]. Cognitive Psychology,1973,4(1):33-81.

[85]　Chen Z. Children's analogical problem solving:The effects of superficial, structural, and procedural similarity [J]. Journal of Experimental Child Psychology,1996,62(3):410-431.

[86]　Chen Z. Analogical problem solving:A hierarchical analysis of procedural similarity[J]. Journal of Experimental Psychology:Learning,Memory, and Cognition,2002,28(1):81-98.

[87]　Chi M T H. Self-explaining:The dual processes of generating inference and repairing mental models[C]//Glaser R. Advances in instructional psychology:Educational design and cognitive science,Vol. 5. Mahwah,NJ: Lawrence Erlbaum Associates,2000:161-238.

[88]　Chi M T H,Bassok M,Lewis M W,et al. Self-explanations:How students study and use examples on learning to solve problems[J]. Cognitive Science,1989,13(2):145-182.

[89]　Chi M T H,Feltovich P J,Glaser R. Categorization and representation of physics problems by experts and novices[J]. Cognitive Science,1981,5 (2):121-152.

[90]　Craik K. The nature of explanation[M]. Cambridge:Cambridge University Press,1943.

[91]　Byrne C L,Shipman A S,Mumford M D. The effects of forecasting on creative problem-solving:An experimental study[J]. Creativity Research Journal,2010,22(2):119-138.

[92]　De Corte E. Transfer as the productive use of acquired knowledge, skills and motivations[J]. Current Directions in Psychological Science,2003,12 (4):142-146.

[93]　De Kleer J. Multiple representations of knowledge in a mechanics problem-solver[J]. Readings in Qualitative Reasoning About Physical Systems,1990,5:40-45.

[94]　Stylianou D A,Silver E A. The role of visual representations in advanced mathematical problem solving:An examination of expert-novice simi-

larities and differences[J]. Mathematical Thinking & Learning,2004,6(4):353-387.

[95]　Dietrich A,Kanso R. A review of EEG,ERP,and neuroimaging studies of creativity and insight[J]. Psychological Bulletin,2010,136(5):822-848.

[96]　Duncker K. On problem-solving[M]. Psychological Monographs, vol.58. New York:Greenwood Press,1971.

[97]　Durso F T,Rea C B,Dayton T. Graph-theoretic confirmation of restructuring during insight[J]. Psychological Science,1994,5(2):94-98.

[98]　Ehrlich K. Applied mental models in human-computer interaction [C]// Oakhill J,Garnham A. Mental models in cognitive science. Mahwah,NJ:Erlbaum,1996.

[99]　Ericsson K A,Charness N. Expert performance:Its structure and acquisition[J]. American Psychologist,1994,49(49):725-747.

[100]　Ericsson K A,Smith J. Toward a general theory of expertise: Prospects and limits [M]. Cambridge, England: Cambridge University Press,1991.

[101]　Ericsson K A,Krampe R T,Tesch-Romer C. The role of deliberate practice in the acquisition of expert performance[J]. Psychological Review,1993,100:363-406.

[102]　Evans J S B T. The mental model theory of conditional reasoning: Critical appraisal and revision[J]. Cognition,1993,48(1):1-20.

[103]　Flavell J H. Metacognitive aspects of problem solving[C]// Resnick L B. The nature of intelligence. Hillsdale,NJ:Erlbaum,1976:231-236.

[104]　Fung W,Swanson H L. Working memory components that predict word problem solving:Is it merely a function of reading,calculation,and fluid intelligence? [J]. Memory & Cognition,2017,45(5):804-823.

[105]　Gentner D,Gentner D R. Flowing waters or teeming crowds: Mental models of electricity[C]//Gentner D,Stevens A L. Mental models Hillsdale,NJ:Erlbaum,1983.

[106]　Gentner D,Holyoak K J,Kokinov B N. The analogical mind[M]. Cambridge,MA:MIT Press,2001.

[107] Gerjets P,Scheiter K,Catrambone R. Designing instructional examples to reduce intrinsic cognitive load:Molar versus modular presentation of solution procedures[J]. Instructional Science,2004,32(1-2):33-58.

[108] Gick M L,Holyoak K J. Schema induction and analogical transfer [J]. Cognitive Psychology,1983,15(1):1-38.

[109] Gog T V, Paas F, Sweller J. Cognitive load theory: advances in research on worked examples, animations, and cognitive load measurement [J]. Educational Psychology Review, 2010, 22(4): 375-378.

[110] Greeno J G. Natures of problem-solving abilities[C]//Estes W K. Handbook of learning and cognitive processes,Vol. 5. Hillsdale,NJ:Erlbaum, 1978:239-270.

[111] Greeno J G,Collins A M,Resnick L B. Cognition and learning [C]// Berliner D C,Calfee R C. Handbook of Educational Psychology. NY: Macmillan,1996:15-46.

[112] Guthormsen A M,Fisher K J,Bassok M,et al. Conceptual integration of arithmetic operations with real-world knowledge:Evidence from event-related potentials[J]. Cognitive Science,2016,40(3):723-757.

[113] Halford G S. Children's understanding:The developmental of mental models[M]. Hillsdale,NJ:Erlbaum,1993.

[114] Hardiman P T,Dufresne R,Mestre J P. The relation between problem categorization and problem solving among experts and novices[J]. Memory & cognition,1989,17(5):627-638.

[115] Hatano G,Inagaki K. Two courses of expertise[C]// Stevenson H,Azuma H, Hakuta K. The nature of expertise. Hillsdale, NJ: Erlbaum, 1986:287-310.

[116] Hoffman B,Schraw G. The influence of self-efficacy and working memory capacity on problem-solving efficiency[J]. Learning & Individual Differences,2009,19(1):91-100.

[117] Jeroen J G van Merrienboer,Paul A Kirschner,Liesbeth Kester. Taking the load off a learner's mind:Instructional design for complex learning [J]. Educational Psychologist,2003,38(1):5-13.

[118]　Johnson-Laird P N. Mental models：Towards a cognitive science of language，inference and consciousness[M]. Cambridge：Cambridge University Press，1983.

[119]　Johnson-Laird P N. Reasoning：Formal rules vs. mental models [C]// Sternberg R J. Conceptual issues in psychology. Cambridge，MA：MIT Press，1999.

[120]　Johnson-Laird P N，Hasson U. Counterexamples in sentential reasoning[J]. Memory & Cognition，2003，31(7)：1105-1113.

[121]　Johnson-Laird P N，Byrne R M J，Schaeken W S. Propositional reasoning by model[J]. Psychological Review，1992，99(3)：418-439.

[122]　Jones G. Testing two cognitive theories of insight[J]. Journal of Experimental Psychology：Learning，Memory，and Cognition，2003，29（5）：1017-1027.

[123]　Kalyuga S. Cognitive load theory：How many types of load does it really need？[J]. Educational Psychology Review，2011，23(1)：1-19.

[124]　Keane M T. On retrieving analogues when solving problems[J]. Quarterly Journal of Experimental Psychology，1986，39(1)：29-41.

[125]　Kershaw T C，Ohlsson S. Multiple causes of difficulty in insight：The case of the nine-dot problem[J]. Journal of Experimental Psychology：Learning，Memory，and Cognition，2004，30(1)：3-13.

[126]　Kimball D R，Holyoak K J. Transfer and expertise[C]// Tulving E，Craik F I. The Oxford Handbook of Memory. New York：Oxford University Press，2000：109-122.

[127]　Knoblich G，Ohlsson S，Haider H，et al. Constraint relaxation and chunk decomposition in insight problem solving[J]. Journal of Experimental Psychology：Learning，Memory，and Cognition，1999，25(6)：1534-1555.

[128]　Knoblich G，Ohlsson S，Raney G E. An eye movement study of insight problem solving[J]. Memory & Cognition，2001，29(7)：1000-1009.

[129]　Kohl P B，Finkelstein N D. Patterns of multiple representation use by experts and novices during physics problem solving[J]. Physical Review Special Topics Physics Education Research，2008，4(1)：120-127.

[130] Larkin J H,Reif F,Carbonell J G,et al. FERMI:A flexible expert reasoner with multi-domain inferencing[J]. Cognitive Science,1988,12(1):101-138.

[131] Lave J. Cognition in practice:Mind,mathematics,and culture in everyday life[M]. Cambridge,MA:Cambridge University Press,1988.

[132] Lave J,Wenger E. Situated learning:Legitimate peripheral participation[M]. Cambridge,England:Cambridge University Press,1991.

[133] Lovett M C. Problem solving[C]// Medin D. Stevens' handbook of experimental psychology:Vol. 2. Memory and cognitive processes. New York:Wiley,2002:317-362.

[134] Luo J,Niki K. Function of hippocampus in "insight" of problem solving[J]. Hippocampus,2003,13(3):316-323.

[135] Lv K. The involvement of working memory and inhibition functions in the different phases of insight problem solving[J]. Memory & Cognition,2015,43(5):709-722.

[136] Macgregor J N,Ormerod T C,Chronicle E P. Information processing and insight:A process model of performances on the nine-dot and related problems[J]. Journal of Experimental Psychology:Learning,Memory,and Cognition,2001,27(1):176-201.

[137] Mammarella I C. Spatial and visual working memory ability in children with difficulties in arithmetic word problem solving[J]. European Journal of Cognitive Psychology,2010,22(6):944-963.

[138] Markman A B. Knowledge representation[M]. Mahwah. NJ:Erlbaum,1999.

[139] Mayer R E,Moreno R. Nine ways to reduce cognitive load in multimedia learning[J]. Educational Psychologist,2003,38(1):43-52.

[140] Mayer R E,Wittrock M C. Problem Solving[C]// Alexander P A,Winne P H. Handbook of Educational Psychology. 2nd ed. Mahwah,NJ:Lawrence Erlbaum Associates,2006:287-303.

[141] Mayer R E. Multimedia aids to problem-solving transfer[J]. International Journal of Educational Research,1999,31(7):611-623.

[142]　Mayer R E,Wittrock M C. Problem-solving transfer[C]// Berliner D C,Calfee R C. Handbook of educational psychology. New York:Macmillian,1996:47-62.

[143]　Mayer R E,Dow G T,Mayer S. Multimedia learning in an interactive self-explaining environment:What works in the design of agent-based microworlds? [J]. Journal of Educational Psychology,2003,95(4):806-813.

[144]　McCloskey M,Caramazza A,Green B. Curvilinear motion in the absence of external forces:Naïve beliefs about the motions of objects[J]. Science,1980,210:1139-1141.

[145]　Metcalfe A W,Ashkenazi S,Rosenberglee M,et al. Fractionating the neural correlates of individual working memory components underlying arithmetic problem solving skills in children[J]. Developmental Cognitive Neuroscience,2013,6(4):162.

[146]　Moray N. Mental models in theory and practice[C]// Gopher D, Koriat A. Attention & performance XVII:Cognitive regulation of performance:Interaction of theory and application. Cambridge. MA:MIT Press,1999:223-258.

[147]　Moreno R. Decreasing cognitive load for novice students:effects of explanatory versus corrective feedback in discovery-based multimedia[J]. Instructional Science,2004,32(1-2):99-113.

[148]　Muis K R,Psaradellis C,Lajoie S P,et al. The role of epistemic emotions in mathematics problem solving[J]. Contemporary Educational Psychology,2015,42:172-185.

[149]　Myles-worsley M,Johnson W A,Simons M A. The influence of expertise on X-ray image processing[J]. Journal of Experimental Psychology:Learning,Memory,and Cognition,1988,14:553-557.

[150]　Nathanm M J,Kintsch W,Young E. A theory of algebra word problem comprehension and its implications for the design of learning environment[J]. Cognition and Instruction,1992,9(4):329-389.

[151]　Newell A,Simon H A. Human problem solving[M]. Englewood Cliffs,NJ:Prentice Hall,1972.

［152］　Novick L R,Holyoak K J. Mathematical problem solving by analogy[J]. Journal of Experimental Psychology:Learning,Memory,and Cognition,1991,17(3):398-415.

［153］　Novick L R,Sherman S J. On the nature of insight solution:Evidence from skill differences in anagram solution[J]. The Quarterly Journal of Experimental Psychology,2003,56(2):351-382.

［154］　Novick L R,Hurley S M,Francis M. Evidence for abstract,schematic knowledge of three spatial diagram representation[J]. Memory & Cognition,1999,27(2):288-308.

［155］　Ohlsson S,Rees E. The function of conceptual understanding in the learning of arithmetic procedures[J]. Cognition & Instruction,1991,8(2):103-179.

［156］　Ormrod J E. Human learning[M]. 4th ed. Upper Saddle River,NJ:Pearson Education,Inc. ,2004.

［157］　Paas F,Gog T V. Optimising worked example instruction:Different ways to increase germane cognitive load[J]. Learning & Instruction,2006,16(2):87-91.

［158］　Paas F,Sweller J. An evolutionary upgrade of cognitive load theory:Using the human motor system and collaboration to support the learning of complex cognitive tasks[J]. Educational Psychology Review,2012,24(1):27-45.

［159］　Paas F,Renkl A,Sweller J. Cognitive load theory and instructional design:Recent developments[J]. Educational Psychologist,2003,38(1):1-4.

［160］　Paas F,Tuovinen J E,Tabbers H,et al. Cognitive load measurement as a means to advance cognitive load theory[J]. Educational Psychologist,2003,38(1):63-71.

［161］　Pass F,Renkl A,Sweller J. Cognitive load theory:instructional implications of the interaction between information structures and cognitive architecture[J]. Instructional Science,2004,32(1-2):1-8.

［162］　Passolunghi M C,Pazzaglia F. A comparison of updating processes in children good or poor in arithmetic word problem-solving[J]. Learning & Individual Differences,2005,15(4):257-269.

［163］ Perkins D N, Salomon G. Are cognitive skills context bound? ［J］. Educational Researcher,1989,18 (1):16-25.

［164］ Phye G D. Transfer and problem solving:A psychological integration of models,metaphors and methods［C］// Royer J M. The impact of the cognitive revolution on educational psychology. Information Age Publishing: Greenwich,CT,2005:249-292.

［165］ Pourmovahed Z,Mahmoodabad S S M,Mahmoodabadi H Z,et al. Deficiency of self-efficacy in problem-solving as a contributory factor in family instability:A qualitative study［J］. Iranian Journal of Psychiatry,2012,13(1): 32-39.

［166］ Reed S K. Word problems［M］. Mahwah,NJ:Lawrence Erlbaum Associates,1999.

［167］ Renkl A,Atkinson R K,GroBe C S. How fading worked solution steps works—a cognitive load perspective［J］. Instructional Science An International Journal of Learning & Cognition,2004,32(1-2):59-82.

［168］ Resnick L B. Education and learning to think［J］. Washington, DC:National Academy Press,1987.

［169］ Rijmen F,De Boeck P. Propositional reasoning:The differential contribution of "rule" to the difficulty of complex reasoning problems［J］. Memory & Cognition,2001,29(1):165-175.

［170］ Weisberg R W. On the "demystification" of insight:A critique of neuroimaging studies of insight［J］. Creativity Research Journal,2013,25(1): 1-14.

［171］ Rogoff B. Apprenticeship:Cognitive development in social context ［M］. New York:Oxford University Press,1990.

［172］ Brunken R,Plass J L,Leutner D. Direct measurement of cognitive load in multimedia learning［J］. Educational Psychologist,2003,38(1):53-61.

［173］ Ross B H,Kennedy P T. Generalizing from the use of earlier examples in problem solving［J］. Journal of Experimental Psychology:Learning, Memory,and Cognition,1990,16(1):42-55.

［174］ Sanabria M L B,Pulido L H O. Critical review of problem solving processes traditional theoretical models［J］. International Journal of Psychological Research,2011,2(1):359-364.

[175] Schoenfeld A H. Mathematical problem solving[M]. Orlando,FL: Academic Press,1985.

[176] Schoenfeld A H. On mathematics as sense-making:An informal attack on the unfortunate divorce of formal an informal mathematics[C]// Voss J F,Perkins D N,Segal J W. Informal Reasoning and Education. Hillsdale,NJ:Erlbaum,1991:311-343.

[177] Schoenfeld A H,Herrmann D J. Problem perception and knowledge structure in expert and novice mathematical problem solvers[J]. Journal of Experimental Psychology:Learning, Memory, and Cognition,1982,8(5): 484-494.

[178] Schraw G. Promoting general metacognitive awareness[C]// Hartman H J. Metacognition in learning and instruction:Theory, research and practice. London,England:Kluwer Academic,2001:3-16.

[179] Schraw G. Knowledge:structures and processes[C]// Alexander P A,Winne P H. Handbook of Educational Psychology. 2nd ed. Mahwah,NJ: Lawrence Erlbaum Associates,2006:245-263.

[180] Schweizer F,Wüstenberg S,Greiff S. Validity of the microdyn approach:Complex problem solving predicts school grades beyond working memory capacity[J]. Learning & Individual Differences,2013,24(2):42-52.

[181] Cho S,Lin C Y. Influence of family processes,motivation,and beliefs about intelligence on creative problem solving of scientifically talented individuals[J]. Roeper Review,2010,33(1):46-58.

[182] Shen W B,Luo J,Liu C,et al. New advances in the neural correlates of insight:A decade in review of the insightful brain[J]. Science Bulletin, 2013,58(13):1497-1511.

[183] Singley K,Anderson J R. The transfer of cognitive skill[M]. Cambridge,MA:Harvard University Press,1989.

[184] Stamovlasis D,Tsaparlis G. Non-linear analysis of the effect of working-memory capacity on organic-synthesis problem solving[J]. Chemistry Education Research & Practice,2000,1(3):375-380.

[185] Stamovlasis D,Tsaparlis G. A complexity theory model in science education problem solving:random walks for working memory and mental capacity[J]. Nonlinear Dynamics Psychology & Life Sciences, 2003, 7(3): 221-244.

[186] Swanson H L. Cognitive strategy interventions improve word problem solving and working memory in children with math disabilities[J]. Frontiers in Psychology,2015,6(1099):1099.

[187] Sweller J. Instructional design consequences of an analogy between evolution by natural selection and human cognitive architecture[J]. Instructional Science,2004,32(1-2):9-31.

[188] Gog T V,Paas F. Instructional efficiency:revisiting the original construct in educational research[J]. Educational Psychologist,2008,43(1): 16-26.

[189] Thevenot C,Oakhill J. A generalization of the representational change theory from insight to non-insight problems:The case of arithmetic word problems[J]. Acta Psychologica,2008,129(3):315-324.

[190] Thorndike E L,Woodworth R S. The influence of improvement in one mental function upon the efficiency of other functions[J]. Psychological Review,1901,8(196):247-261.

[191] Tian F,Tu S,Qiu J,et al. Neural correlates of mental preparation for successful insight problem solving[J]. Behavioural Brain Research,2011, 216(2):626-630.

[192] Tong D,Zhu H,Li W,et al. Brain activity in using heuristic prototype to solve insightful problems[J]. Behavioural Brain Research,2013,253 (18):139-144.

[193] Tversky A,Kahneman D. Availability:A heuristic for judging frequency and probability[J]. Cognitive Psychology,1973,5(2):207-232.

[194] Vale I,Pimentel T,Cabrita I,et al. Pattern problem solving tasks as a mean to foster creativity in mathematics[J]. Conference of the International Group for the Psychology of Mathematics Education,2012,4:171-178.

[195] Vosniadou S,Brewer W F. Mental models of the earth:A study of conceptual change in childhood[J]. Cognitive Psychology, 1992, 24(4):

535-585.

[196] Shen W,Yuan Y,Liu C,et al. In search of the "aha!" experience: Elucidating the emotionality of insight problem-solving[J]. British Journal of Psychology,2016,107(2):281-298.

[197] Warwas J. Problem solving in everyday office work—A diary study on differences between experts and novices[J]. International Journal of Lifelong Education,2015,34(4):448-467.

[198] Wiley J,Jarosz A F. Working memory capacity,attentional focus, and problem solving[J]. Current Directions in Psychological Science,2012,21 (4):258-262.

[199] Zheng R,Cook A. Solving complex problems:A convergent approach to cognitive load measurement[J]. British Journal of Educational Technology,2012,43(2):233-246.

[200] Zheng X,Swanson H L,Marcoulides G A. Working memory components as predictors of children's mathematical word problem solving[J]. Journal of Experimental Child Psychology,2011,110(4):481-498.

# 后　记

　　本书是在我博士论文的基础上修改、扩充、完善而成的。2008年春天,我在华东师范大学丽娃河畔完成了博士论文答辩,至今整整十年。的确,这是一份迟交的答卷。所幸,这十年间我还持续追踪着我所钟爱的教育心理学的研究进展,还保留着阅读专业文献的习惯,人虽"不在江湖",却也并非"武功尽废"。

　　本书的完成,首先要感谢我的博士导师吴庆麟教授。吴老师为人宽厚、心胸豁达、学识渊博、视野宽广,能跟随这样一位学高身正的导师学习,是我一生的幸运!感谢吴老师当年以"英雄不问出处"之风范将我收入"吴门",使我有机会领略教育心理学的博大精深,并结识了许多"吴中生友"的同门。吴老师在华师大田家炳楼1105室为我们授课的情景清晰如昨,他苏格拉底式的启发式教学,巧妙的诘问,令我印象深刻。吴老师常教导我们"读原著、取真经",奈何学生鲁钝,加之没有足够的背景知识,往往是原著读了,真经却没有取到,经常是在吴老师的点拨和提示之下,才恍然大悟!还记得毕业前夕他嘱咐我,不论走到哪里都不要忘了自己的身份,你是华师大的心理学博士。每当想起这句话,都感觉心里沉甸甸的,有一种使命感。我深知,老师这是在提醒我不要妄自菲薄,要理性平和地坚守自己的学术信仰。

　　感谢湖北大学心理学系严梅福教授。我正是因为修读了严老师教授的"教育心理学"而踏入心理学之门,对心理学心生向往,进而萌发了报考心理学博士的念头。至今仍清晰地记得严老师把他用毛笔绘制的Wittrock生成学习模型挂图带入课堂,帮助我们理解其理论精髓。尤其是,听说拙著即将付梓,严老师以82岁高龄欣然提笔作序,令我非常感动,也倍受鼓舞。感谢华中师范大学教育学院陈佑清教授。在读研期间,我还有幸修习了陈老师教授的"教学论"课程,在十五年前就接触到对话教学、交往教学等富有新意的教学理论。陈老师也是我报考博士的推荐人,他治学之严谨、学养之深厚以及对教学论研究的极大热情,深深感染并激励着我在研究的道路上执着前行。感谢湖北大学教育学

"Blog辅助课堂教学的理论探究与平台设计"为题的论文得到了靖老师的肯定。感谢他多年以来对我的关心、支持、鼓励和不放弃。他所刻画的"受过教育的人"的理想形象，是我不断学习和奋斗的方向。感谢湖北大学教育学院叶显发副教授，他是我教育科学研究方法和统计学的启蒙老师，引导我认识到研究方法之于心理学研究的重要性。

感谢教育学院王新远书记、李梦卿院长、邓晓红副院长、赵厚勰副院长、曹树真副院长，没有他们的支持和鼓励，本书是难以完成的。感谢教育学院刘启珍教授、徐学俊教授、明庆华教授、李经天教授、解飞厚教授、杨兵教授的敦促和鼓励，他们让我有信心完成本书的撰写工作。感谢心理学系主任徐碧波副教授长期以来的关心和帮助，不断鞭策我前行。感谢张立春副教授、谢桂阳副教授、吴鹏副教授、陈建新副教授、纪凌开副教授、李鸿科副教授、丁永刚副教授、杨旸副教授、李木洲副教授、方红副教授、汪果博士、杨伟平博士、尹述飞博士等同事的支持和鼓励。

本书的出版得益于"湖北大学教育学院优秀学术专著资助计划"的支持，在此致以诚挚的谢意！感谢本书的责任编辑李晶女士，感谢武汉大学出版社的宋建平先生、郭芳女士，以及其他相关工作人员，他们专业、细致、严谨、高效的工作作风，为本书的顺利出版奠定了基础。

最后要感谢我的家人对我的无条件支持。感谢我的爱人向葵花女士，撰写本书期间，她承担了家中大小事务，使我能全身心投入写作。同时，她也是我的第一位读者，学理上的纠错和语言上的润色提升了本书的可读性。感谢我的女儿张跃馨小朋友，我以好奇的目光欣赏着她，她也以好奇的目光打量着我，我陪伴着她，她更陪伴着我，我们之间也会有争吵，但更多是欢笑。她每天都在成长，每天都在发生新的变化，每天都会带给我惊喜，每天都会提醒我把握身边的幸福！她即将满六周岁，这本小书也算是送给她的一份小小生日礼物。

本书的完成，于我个人而言，意味着画下一个句点，开启一段新的旅程。感谢一路走来给予我关怀、支持与帮助的老师、亲友和同学！今后，我们仍将携手同行，行走在心理学与教育相互沟通的路上！

本书在写作过程中参考了国内外学者的相关研究成果和文献资料，在此一并致以衷心的感谢！因本人理论素养和研究水平有限，本书可能存在一些错漏或不足，恳请各位专家和读者不吝赐教，以匡正之。

张裕鼎
2018年2月于湖大琴园补拙斋